Russell Stannard ist ein international anerkannter Professor für Physik an der englischen Universität in Milton Keynes. Als er auf dem Gebiet der Kernphysik forschte, begab er sich auf Reisen zu verschiedenen Universitäten in ganz Europa und den Vereinigten Staaten. Er sagt: »Meine Bücher sollen jungen Lesern die wichtigsten Dinge nahebringen – Einsteins Relativitätstheorie und den Sinn des Lebens. Gleichzeitig versuche ich zu unterhalten.« In der Fischer Schatzinsel ist neben den anderen Abenteuern von Memory und ihrem Onkel, ›Onkel Albert und der Urknall‹ (Bd. 80055) auch ›Hallo Sam, hier bin ich‹ (Bd. 80056) erschienen.

Durch Raum und Zeit mit Onkel Albert. Immer wieder unternimmt Memory Ausflüge ins Weltall, um dann mit ihrem Onkel das Erlebte zu besprechen. Erstaunliches erfährt sie dabei. So schnell sie auch fliegt, nie erreicht sie den Lichtstrahl. Und einmal wird sie so schwer wie der Buckingham-Palast und so dünn wie ein Strich. Wieso? Und warum bloß geht ihre nagelneue Uhr ständig nach? Stück für Stück machen Memory und Onkel Albert die erstaunlichsten Entdeckungen, die Onkel Albert »Relativitätstheorie« nennt.

Unsere Adresse im Internet: www.fischerschatzinsel.de

Russell Stannard

Durch Raum und Zeit mit Onkel Albert

Eine Geschichte um Einstein
und seine Theorie

Aus dem Englischen übersetzt
von Ulli und Herbert Günther
Mit Bildern von John Levers

Fischer Taschenbuch Verlag

Fischer Schatzinsel
Herausgegeben von Eva Kutter

Limitierte Sonderausgabe
Veröffentlicht im Fischer Taschenbuch Verlag,
einem Unternehmen der S. Fischer Verlag GmbH,
Frankfurt am Main, Oktober 2004

Die englische Originalausgabe erschien 1989
unter dem Titel ›The Time and Space of Uncle Albert‹
im Verlag Faber and Faber Ltd, London

Gesamtherstellung: Clausen & Bosse, Leck
Printed in Germany
ISBN 3-596-50879-7

Nach den Regeln der neuen Rechtschreibung

Der Lichtstrahl, der sich aus dem Staub macht

»Turny will, dass wir ein Referat machen«, verkündete Memory.

»Turny?«, fragte Onkel Albert.

»Mr. Turner, unser Lehrer in Naturwissenschaft. Wir sollen das Thema selber wählen, ein naturwissenschaftliches natürlich. Und dann . . . «, Memorys Stimme klang sehr wichtig, » . . . dann sollen wir recherchieren.«

»Recherchieren?« Onkel Albert sah aus, als würde er jeden Moment zu lachen anfangen.

»Ja!«, rief Memory empört. »Wir sollen recherchieren und die Ergebnisse in einer Mappe zusammenstellen.« Ärgerlich trat sie mit voller Wucht gegen einen Stein. Durch die Turnschuhe spürte sie den Stoß an den Zehen. Aber sie ließ sich nichts anmerken.

Memory mochte ihren Onkel sehr. Wenn er nur nicht manchmal so verletzend wäre. Eines Tages wollte sie als Naturwissenschaftlerin genauso berühmt sein wie er. Deshalb hatte sie gehofft, er würde sich über ihre Neuigkeit freuen. Doch jetzt wünschte sie, sie wäre zu Hause vor dem Fernseher sitzen geblieben.

Onkel Albert bemerkte ihre Enttäuschung. »Tut mir Leid. Verstehst du ... früher, als ich zur Schule gegangen bin, da haben wir solche Sachen nicht gemacht. Was hast du denn für ein Thema?«
Memory zog die Schultern hoch. »Weiß noch nicht. Alison schreibt über Dinosaurier. Frances Alexandra über Vulkane. Turny meint, ich könnte ›Energie im Haushalt‹ nehmen. Doppelt verglaste Fenster, elektrische Zahnbürsten und so. Aber ich glaube, ich würde lieber über was wirklich Interessantes schreiben.«
Inzwischen hatten sie den Park erreicht, und Onkel Albert war froh, als sie eine Bank fanden. Memory setzte sich neben ihn. Es war ein milder, sternenklarer Abend. Sie sahen zum Himmel hinauf.
»Ist das nicht wunderschön?«, sagte Onkel Albert versonnen. »Als ich ein kleiner Junge war, da habe ich oft darüber nachgegrübelt, wie weit die Sterne wohl entfernt sein mögen. Ich habe mir vorgestellt, dass sie kleine Lichter wären, die an der Innenseite einer großen Kuppel angesteckt sind. Eines Abends – es muss so ein Abend gewesen sein wie heute – sah ich, dass eine Leiter an unserem Haus stand. Sie war gegen die Dachrinne gelehnt. Vater hatte wohl irgendetwas ausgebessert oder gestrichen, das weiß ich nicht mehr genau. Jedenfalls bin ich auf die Leiter geklettert, so hoch ich nur konnte. Natürlich durfte das keiner wissen. Ich habe mich auf Zehenspitzen gestellt und die Hände ausgestreckt. Ich wollte die Sterne berühren. Aber da war nichts. Sie waren genauso weit weg wie immer.

Das habe ich mein Leben lang nicht vergessen.« Onkel Albert schien ganz versunken in die Erinnerung an dieses Erlebnis.

»Wie weit sind sie denn entfernt, Onkel Albert?«

»Weit, sehr weit.«

»Aber wie weit?«

»Also ...« Er zögerte, als ob ihm die Worte fehlten. »So weit, dass ... nun, es dauert Jahre, bis ihr Licht hier bei uns ankommt.«

»Was?« Memory war nicht sicher, ob sie ihn richtig verstanden hatte.

»Wirklich. Jahre. Das Sternenlicht, das wir in diesem Augenblick sehen, ist schon vor Jahren ausgestrahlt worden. So lange hat es gebraucht, um die Erde zu erreichen.«

»Aber wieso? Licht braucht doch überhaupt keine Zeit, um von einem Ort zum anderen zu kommen. Wenn ich zu Hause das Licht einschalte, ist es sofort überall hell.«

»Nicht ganz«, wandte Onkel Albert ein. »Es scheint nur so, als ob es sofort überall hell wäre. Die Zimmer sind ja recht klein. Da ist die Zeitspanne, die das Licht braucht, um von der Glühbirne zu den Wänden zu gelangen, so winzig, dass man sie einfach nicht wahrnimmt. Draußen im Weltall ist das anders. Die Sterne sind weit entfernt von der Erde, und ihr Licht braucht lange Zeit für die Reise zu uns – und das, obwohl es sich sehr schnell bewegt.«

»Wie schnell denn?«

»Dreihunderttausend Kilometer in einer Sekunde.«

Onkel Albert merkte, dass sich Memory darunter nichts vorstellen konnte. »Das ist so schnell«, sagte er, »als würdest du fünfmal die Erde umkreisen in der Zeit, die du brauchst, um das Wort ›Reispudding‹ zu sagen.«
»Fünfmal um die Erde ...?«
»Genau. So schnell bewegt sich Licht. Und trotz dieser Geschwindigkeit dauert es Jahre, bis es von den Sternen zu uns kommt.«
In Gedanken versunken, blickten sie wieder zum Himmel.
Plötzlich richtete sich Onkel Albert auf, saß jetzt kerzengerade und rief: »Mir ist etwas eingefallen! Ich habe viel über das Licht nachgedacht in letzter Zeit – wie es wäre, wenn man einen Lichtstrahl einholen könnte, zum Beispiel einen Lichtstrahl von einem Stern. Natürlich ... ja. Warum ist mir das nicht früher eingefallen? Was würdest du davon halten, wenn du mir dabei hilfst? Du ziehst los, verfolgst einen Lichtstrahl, und dann erzählst du mir, wie es war.«
Misstrauisch sah Memory ihren Onkel an. Sie hatte gehört, dass manche Leute ihn »exzentrisch« nannten. So genau wusste sie nicht, was diese Leute damit meinten, doch es hörte sich an, als ob sie ihn für ein bisschen verrückt hielten. Es gab Augenblicke – wie gerade eben –, da befürchtete Memory, die Leute könnten Recht haben.
»Geht es dir gut, Onkel Albert?«, fragte sie ängstlich.
»Ob's mir gut geht? Natürlich. Und wie!« Mit überraschender Leichtigkeit sprang er auf die Füße.

»Komm mit. Wir haben viel zu tun!« Und schon rannte er in Richtung seines Hauses.
»Aber Onkel Albert«, protestierte Memory, als sie ihn eingeholt hatte, »wie soll ich das denn machen? Gerade eben hast du noch erklärt, dass sich das Licht so schnell bewegt, dass ... «
»Zeige ich dir gleich«, unterbrach er sie. »Überhaupt: wäre das nicht ein Thema für dein Referat? Es ist echte, ernsthafte Forschung. Ha!«, schnaubte er. »Dem alten Turny mit seinen elektrischen Zahnbürsten werden wir es zeigen!« Er griff nach Memorys Hand, und voller Ungeduld zog er das Mädchen mit sich.

Memory war gründlich sauer. Auf dem ganzen Nachhauseweg erklärte ihr der Onkel mit keinem Wort, was er eigentlich vorhatte. Als er den Mantel über den Haken geworfen hatte und in sein Arbeitszimmer stürmen wollte, versperrte sie ihm unerschrocken den Weg.
»Keinen Schritt weiter, bevor du mir nicht geantwortet hast: Wie soll ich das machen?«
»In einem Raumschiff natürlich«, sagte Onkel Albert, als sei das die selbstverständlichste Sache der Welt.
»Aha. In einem Raumschiff. In einem Raumschiff soll ich einen Lichtstrahl verfolgen?«
»Ja.«
»Haha«, sagte sie spöttisch, »Witz lass nach.«
»Du glaubst mir nicht?«
»Du hast doch gar kein Raumschiff!«

»So? Habe ich nicht?«, fragte er schmunzelnd. Er zwängte sich an Memory vorbei und winkte ihr, ihm zu folgen.
»Ich glaube dir keine Sekunde ...« Memory verschlug es die Sprache, als sie ins Arbeitszimmer trat. Sie riss die Augen weit auf. Vor Verblüffung stand sie wie angewurzelt. »Was um alles in der Welt ...?«
Der Raum wurde spärlich erleuchtet von einer Tischlampe und den letzten verglühenden Holzscheiten im Kamin. Die Wände waren völlig mit Bücherregalen zugestellt. Zu beiden Seiten des Kamins stand ein bequemer, abgewetzter Lehnstuhl aus Leder.
Und über einem dieser Stühle schwebte etwas, was Memory fesselte. Es sah aus wie eine riesige Seifenblase, ungefähr einen Meter im Durchmesser, oben und unten leicht abgeflacht. An einer Seite schwebten neben der großen zwei kleinere Blasen. Sie pendelten dicht über der Rückenlehne des Sessels ganz leicht hin und her und schimmerten geheimnisvoll im Dämmerlicht des Raumes.
»Was ist denn das?«, rief Memory erstaunt.
»Das? Das ist eine Denkblase.« Onkel Albert sagte es in sachlich-nüchternem Ton.
»Eine was?«
»Eine Denkblase. Weißt schon, Denkblasen, wie man sie aus Cartoons kennt. Für die Dinge, die den Leuten eben so im Kopf herumgehen, wenn sie nachdenken.«
»Aber – ich habe so was immer nur in Comicheften

gesehen. Ich habe nicht gewusst, dass es so was ... so was in echt gibt.«
»Wundert mich nicht. Gibt ja auch nicht viele. Die wenigsten Menschen denken so gut nach, dass eine Blase entsteht.«
Onkel Albert setzte sich in den Lehnstuhl unter die Denkblase und bat Memory, in dem zweiten Sessel Platz zu nehmen. Sie tat es und behielt dabei misstrauisch die Blase im Auge. Es schien ihr, als schimmerte die Blase manchmal kräftiger und manchmal blasser.
»Warum verändert sich die Blase?«
»Kommt darauf an, wie stark ich nachdenke.«
»Und was ...« Memory stockte, weil sie nicht genau wusste, wie sie es sagen sollte. »Und was kann man damit ... machen?«
»Alles. Man kann alles damit machen. Was man braucht, ist Vorstellungskraft, viel Vorstellungskraft. Alles, was ich mir vorstelle, erscheint in der Denkblase. Pass mal auf.«
Er schloss die Augen. Zu Memorys Überraschung und Freude erschien nach kurzer Zeit ein schwarzweiß geflecktes Kätzchen in der Denkblase. Es wirkte unglaublich echt. Während sie es beobachtete, begann es, sich zu putzen. Dann blickte es hoch, zwinkerte ihr zu – und verschwand.
Onkel Albert öffnete die Augen. »Hast du es gesehen?«
»Ja!«, rief Memory aufgeregt. »Es hat ausgesehen wie eine richtige Katze. Wirklich toll!«
Onkel Albert grinste.

»Sag mal«, fragte Memory, »wenn du nun an mich denkst, tauche ich dann in der Blase auf?«
Onkel Albert überlegte. »Nehme ich an. Ich habe es noch nie mit Menschen ausprobiert. Aber ich glaube, es könnte klappen.«
»Und wenn du dir ein Raumschiff vorstellst?«
Onkel Albert nickte.
»Und wenn du dir denkst, ich wäre in diesem Raumschiff . . . ?«
»Genau das ist es, was mir vorhin eingefallen ist. Du könntest in den Weltraum fliegen und versuchen, einen Lichtstrahl zu verfolgen.« Gespannt sah er sie an. »Ich habe kein Recht, dich um so et-

was zu bitten, Memory. Im Park habe ich dir erzählt, dass ich mehr über die Verhaltensweise des Lichts herausfinden will. Nun bin ich an einem Punkt, an dem ich nicht weiterkomme. Ich brauche jemanden, der für mich einen Lichtstrahl verfolgt und der mir berichtet, wie es ist, wenn man ihn eingeholt hat. Selber kann ich es nicht tun. Ich muss hier sitzen und denken. Deshalb habe ich gehofft ...«

Memorys Herz klopfte laut. Ängstlich musterte sie die Blase und umklammerte die Armlehnen des Sessels. Dann schaute sie hinüber zu Onkel Albert. »Ist es ... also, ist es gefährlich?«

Onkel Albert zog die Schultern hoch. »Glaube ich nicht. Aber wie gesagt, ich habe es noch nie mit Menschen ausprobiert.«

Einen Moment überlegte sie noch, dann nickte sie zögernd.

Onkel Albert lächelte ihr beruhigend zu. »Prima«, sagte er. »Dann kann's ja losgehen.« Er schloss die Augen und stützte das Kinn auf die Hand. Sein Gesicht wirkte sehr konzentriert.

Langsam erschien in der Denkblase so etwas wie das Innere eines Raumschiffes. Gebogene Wände aus Metall mit runden Fenstern. Dahinter konnte Memory die Sterne blinken sehen. Dicht vor ihr war eine eindrucksvolle Reihe von Zifferblättern, Kontrollleuchten und Bildschirmen. Vermutlich das Armaturenbrett.

Plötzlich wurde sie von Panik ergriffen. Die Blase! Wo war bloß die Denkblase? Sie war weg! Während

Memory beobachtet hatte, was alles in der Denkblase zum Vorschein kam, hatte sie überhaupt nicht bemerkt, wie die Blase verschwunden war.
Und mehr noch. Auch die Armlehnen, die sie umklammert hielt, gehörten nicht mehr zu dem Sessel in Onkel Alberts Arbeitszimmer. Es waren die Lehnen eines Sitzes im Raumschiff. Mit einem Schlag wurde ihr klar, dass sie sich selbst in der Denkblase befand. Und nicht nur das: Sie saß im Raumschiff!
Hastig blickte sie sich um. Sie hatte nur einen Gedanken: Wo war der Ausgang?
Aber noch bevor sie sich rühren konnte, ertönte eine metallene Stimme: »Hallo, hallo! Nur keine Angst, meine Liebe! Es gibt keinen Grund zu Befürchtungen.« Die Stimme hatte einen künstlichen, elektronischen Klang.
»Was... was ist denn los?«, stammelte Memory und lauschte, woher die Stimme kam.
»Erlaube bitte, dass ich mich vorstelle. Ich bin dein Computer. Und es ist mir eine Ehre, dich an Bord begrüßen zu dürfen. Ich hoffe, du hattest eine angenehme Reise hierher.«
Memory entdeckte ein paar Lichter, die beim Klang der Stimme an- und ausgingen. Daneben war ein Bildschirm, auf dem die Wörter erschienen, während sie gesprochen wurden.
»Wo bin ich?«, fragte Memory und kam sich sehr dumm vor, weil sie mit einem Bildschirm redete.
»Warum fragst du? Im Raumschiff natürlich.«
»Tatsächlich in einem Raumschiff?«

»Nicht in irgendeinem Raumschiff, wenn du gestattest«, sagte der Computer kühl. »Es ist *das* Raumschiff.« Und dann sprach er weiter mit einer Stimme, die sich anhörte wie die eines Fremdenführers, der sich an eine unübersehbare Gruppe von Touristen wendet: »Dies ist das größte Raumschiff, das niemals gebaut worden ist und das niemals gebaut werden wird ...«

»Wenn es niemals gebaut worden ist, warum ist es dann hier?«, unterbrach Memory, die wieder etwas von ihrem Mut zurückgewonnen hatte.

»Durch die Kraft der Gedanken natürlich – durch Onkel Alberts Vorstellungskraft. Für seine Vorstellung gibt es keine Grenzen. – Wo war ich stehen geblieben? Ach ja ...« Der Computer nahm seinen Vortrag wieder auf. »Dies ist also das größte Raumschiff der Welt. Es ist mit dem stärksten Raketentriebwerk ausgestattet, das jemals erfunden wurde, und damit in der Lage, jede erforderliche Energie zu liefern. Dieses Raumschiff ist dazu bestimmt, die Naturgesetze bis zu ihren äußersten Grenzen zu erforschen.«

Was der Computer sagte, klang zwar ziemlich wichtigtuerisch, aber Memory war dankbar, dass sie wenigstens jemanden zum Reden hatte. Auch wenn es nur eine Anordnung elektronischer Teilchen war. Sie sah sich um. Das Raumschiff war tatsächlich riesengroß. Es kam ihr vor, als würde sie in einem unermesslich langen Tunnel sitzen. Das hintere Ende war so weit entfernt, dass sie es kaum erkennen konnte.

»Nun, Madam«, begann der Computer wieder, »es ist mir ein außerordentliches Vergnügen, dir als erster gratulieren zu dürfen.«
»Gratulieren? Mir?«
»Du bist der erste Kapitän in dieser einzigartigen Rakete. Ich gratuliere.«
Für einen Moment war Memory überwältigt. Dann stieg wieder Furcht in ihr hoch. »Aber das kann doch gar nicht stimmen. Ich habe nicht die leiseste Ahnung von Raumschiffen. Ich weiß doch gar nicht, was man da machen muss!«
»Nur keine Angst. Wozu, glaubst du, bin ich da? Meine Aufgabe ist es, mich um dich zu kümmern und aufzupassen, dass alles glatt geht. Das einzige, was du zu tun hast, ist ... ja ... deinen Spaß daran zu haben. Verstehst du? Bist du soweit?«
Memory war erleichtert und nickte.
»Gut. Dann schnall dich an.«
Sie folgte der Aufforderung.
»So. Du brauchst jetzt nur noch auf den roten Knopf direkt vor dir zu achten. Wenn du den Motor anlassen willst, drück einfach darauf, und zwar so lange, wie die Rakete beschleunigen soll. Verstanden?«
»Ja.« Wieder nickte sie. Von Sekunde zu Sekunde wurde sie nun aufgeregter.
»Gut. Wenn du bereit bist, dann darfst du drücken.«
Memory holte tief Luft, streckte den Arm aus und drückte auf den Knopf. Sofort ertönte aus dem rückwärtigen Teil der Rakete donnerndes Moto-

rengeräusch. Sie spürte, wie sie gegen die Rückenlehne ihres Sitzes gepresst wurde.
Wie spannend, dachte sie.
Nach einer Weile meldete sich der Computer von neuem. »Du kannst den Knopf jetzt loslassen.«
Sie ließ los und das Motorengeräusch verstummte. Auch wurde sie nicht länger in ihren Sitz gepresst. Sie schien so leicht zu sein, als würde sie schweben. Wenn die Gurte nicht gewesen wären, vielleicht wäre sie davongeflogen. Nachdem sie sich an das Gefühl gewöhnt hatte, fand sie es richtig lustig.
»Das ist unsere Geschwindigkeit, oder?«, fragte Memory und zeigte auf eine Digitalanzeige über dem Startknopf. Darunter stand: *Geschwindigkeit in Bezug auf die Erde*, und die Anzeige lautete: *0,500*.
»Richtig«, sagte der Computer. »Wir fliegen im Augenblick mit halber Lichtgeschwindigkeit.«
»Und warum werden wir nicht wieder langsamer?«, fragte Memory.
»Warum sollten wir?«
»Weil der Motor nicht mehr läuft. Unsere Geschwindigkeit müsste also nachlassen.«
»Das hier ist doch kein Fahrrad«, erklärte der Computer mit überlegenem Ton in der Stimme. »Das ist ein Raumschiff. Und wenn ein Raumschiff erst einmal auf Touren gebracht ist, braucht es keinen weiteren Antrieb. Hier draußen gibt es weder Luft noch sonst irgendeinen Widerstand, der unser Tempo verringern könnte. Deshalb fliegen wir immer gleichbleibend schnell weiter. Das Triebwerk

brauchen wir nur, wenn wir die Geschwindigkeit verändern wollen, wenn's schneller oder langsamer gehen soll, je nachdem.«
»Wie kann man denn mit dem Motor das Tempo verringern?«
»Indem man den Rückwärtsgang einlegt, natürlich.«
Durch das große Fenster über der Digitalanzeige hatte man einen weiten Blick nach vorn. Memory betrachtete die Sterne. Mit jedem Augenblick fühlte sie sich wohler. Die Umgebung wurde ihr vertrauter. Allmählich fand sie Spaß an ihrer Reise.
»So«, unterbrach der Computer ihre Gedanken, »wenn du soweit bist, sollten wir uns an unsere Aufgabe machen. Onkel Albert hat mir ein paar Anweisungen einprogrammiert. Ich werde in meinem Speicher nachsehen.«
»Wir sollen versuchen, einen Lichtstrahl einzuholen«, meldete Memory eifrig.
Es entstand eine kurze Pause, dann ließ sich der Computer wieder vernehmen: »Richtig. Ganz genau. ›Fang einen Lichtstrahl.‹ Wie sonderbar. Aber ich nehme an, er weiß, was er tut. Also dann. Kannst du einen entdecken? Bei all den Sternen müssten hier draußen viele Lichtstrahlen zu finden sein.«
Memory starrte angestrengt aus dem Fenster. Plötzlich zeigte sie nach vorn. »Da! Da! Ist das einer?«
Draußen, direkt vor ihr, glitt ein leuchtender Strahl vorbei. Es kam ihr vor, als habe er ein Gesicht, ein

schelmisches, ein neckisches Gesicht – und tatsächlich, er kicherte. Memory hörte ein feines, hohes Gekicher wie von einem aufgeregten Schulmädchen, und eine übermütige Stimme rief: »Na los, los! Fang mich doch!« Dann entfernte sich der Strahl und war bald nur noch als verschwommener Lichtfleck zu sehen, der immer kleiner und schwächer wurde.
»Vorwärts!«, rief der Computer. »Hinterher, bevor er weg ist!«
»Schaffen wir leicht!«, schrie Memory. »Wir haben ja schon die Hälfte seiner Geschwindigkeit.« Sie drückte den Startknopf, die Triebwerke heulten auf, die Geschwindigkeit stieg.
Nach ein paar Minuten meldete sich der Computer. »So, das sollte reichen. Jetzt müssten wir ihn eingeholt haben.«
Memory ließ den Knopf los und schaute nach dem Lichtstrahl. Der Mund blieb ihr offen stehen vor Staunen. »Er ist weiter weg als vorher«, stellte sie fest.
»Wie bitte? Weiter weg? Das ist unmöglich.«
»Aber es ist so.«
»Kann doch nicht sein. Wie hoch ist unsere Geschwindigkeit?« erkundigte sich der Computer.
»Also ... 0,900. Neun Zehntel der Lichtgeschwindigkeit, glaube ich.«
»Nicht mehr?«
»Nicht mehr«, bestätigte Memory.
»Seltsam. Nach meinen Berechnungen müssten wir längst Lichtgeschwindigkeit erreicht haben.«

Auf einmal hörte Memory weit entfernt eine höhnische, kichernde Stimme: »Ein bisschen mehr musst du dich schon anstrengen!«
»Noch einen Versuch«, sagte der Computer. »Diesmal bringe ich dich auf Höchstgeschwindigkeit.«
Memory drückte wieder auf den roten Knopf. Mit ohrenbetäubendem Lärm heulten die Triebwerke auf – viel lauter als vorher. Das Raumschiff zitterte und bebte. Es wurde so erschüttert, dass Memory befürchtete, es würde gleich in winzige Teilchen auseinander bersten.
Endlich – es kam ihr vor wie eine Ewigkeit – gab der Computer Anweisung, den Knopf loszulassen, was sie dankbar tat. Sie sah aus dem Fenster. Zuerst konnte sie nichts erkennen. Doch dann entdeckte sie den Lichtstrahl.
»O nein! Jetzt ist er kilometerweit weg von uns, und er entfernt sich immer mehr.«
»Unmöglich. Wie schnell fliegen wir jetzt?«
»0,999fache Lichtgeschwindigkeit.«
»Höchst sonderbar. Meine Daten lauten vollkommen anders.« Und dann, mit einer Spur von Empörung in der Stimme, fügte der Computer hinzu: »Ich scheine falsch programmiert zu sein. Bisher habe ich von solchen Sachen nur gehört. Hätte nicht gedacht, dass mir so was passiert. Wie peinlich. Ich muss mich selbst überprüfen.«
»... kann nicht warten ... kann nicht warten ... muss weiter ...« Die Stimme des Lichtstrahls verhallte in der Ferne. Der verschwommene Lichtfleck wurde blasser und verschwand schließlich ganz.

Wie soll ich das bloß Onkel Albert erklären, wenn ich zurück bin?, dachte Memory. Mit meinem Referat wird es jetzt bestimmt auch nichts werden. Das unbehagliche Gefühl in ihr wurde stärker, und laut sagte sie: »Überhaupt, wie komme ich bloß wieder nach Hause? Ich fliege hier mit Lichtgeschwindigkeit im Weltraum herum, und meine einzige Hilfe ist ein dummer Computer, der auch noch falsch programmiert ist!«

»Irrtum!«, rief der Computer. »Es ist alles in Ordnung. Kein Programmfehler. Alles funktioniert tadellos. Ich habe genau nach Befehl gerechnet.«

»Und wie kommst du dann zu dem falschen Ergebnis?«

»Was für ein falsches Ergebnis?«

»Für unsere Geschwindigkeit.«

»Ach so, ja. Das meinst du. Gute Frage... die falsche Geschwindigkeit... hmmm... ich vermute, man hat mir eine falsche Gleichung eingegeben. Ich habe genau gerechnet, wie immer, nur mit einer falschen Gleichung. Daran muss es liegen. Die derzeitige wissenschaftliche Gleichung muss falsch sein. Das ist sehr eigenartig. Ich bin gespannt, was Onkel Albert dazu sagen wird. Du wirst ihm ja alles berichten, wenn du zurück bist.«

»Komme ich denn überhaupt wieder richtig zurück?«, fragte Memory mit ängstlicher Stimme. »Du rechnest doch mit ganz falschen Zahlen... «

»Ich bitte um Entschuldigung!«, rief der Computer. Er klang sehr ärgerlich.

»Tut mir Leid. Ich wollte sagen... also... so, wie

die Dinge nun mal stehen ... meinst du, dass da wirklich alles klargeht?«

»Natürlich. Überhaupt kein Problem. Ich werde signalisieren, dass du zur Rückkehr bereit bist.«

Und tatsächlich, es gab keine Schwierigkeit. Auf ebenso geheimnisvolle Weise, wie Memory in die Rakete gekommen war, saß sie auf einmal wieder in Onkel Alberts behaglichem Arbeitszimmer.

Sofort erzählte sie ihm, was sich ereignet hatte.

». . . und mehr ist nicht zu sagen«, schloss sie ihren Bericht. »Wir haben unser Bestes getan, aber der Lichtstrahl war zu schnell für uns.« Sie zog die Schultern hoch.

»Ärgere dich nicht, Mädchen«, sagte Onkel Albert. Zu Memorys Erstaunen sah er sehr zufrieden aus. »Soweit ich sehe, entwickelt sich alles recht gut. Aber nun trink deinen Kakao aus, bevor er kalt wird. In ein paar Minuten solltest du dich auf den Heimweg machen.«

Gehorsam nahm Memory den Becher, den er auf den kleinen Tisch neben ihrem Sessel gestellt hatte.

Schon oft hatte sie Onkel Albert zu verstehen gegeben, dass sie nicht gerade scharf war auf Kakao, aber er vergaß es immer wieder.

»Wie meinst du das: ›Es entwickelt sich alles sehr gut‹?«, fragte sie. »Ich sollte doch versuchen, den Lichtstrahl einzuholen. Bist du denn nicht enttäuscht?«

»Enttäuscht? Kein bisschen. Weißt du, ich konnte mir um nichts in der Welt vorstellen, wie es ist, wenn man einen Lichtstrahl eingeholt hat. Es ist für mich eine Erleichterung, dass du es tatsächlich nicht zustande gebracht hast.«

»Ich dachte, du kannst dir alles vorstellen?«, forschte Memory.

»Oh, ich lasse meine Phantasie nicht mit mir durchbrennen. Ich stelle mir nur vor, was möglich sein könnte. Schließlich möchte ich meine Zeit nicht damit verschwenden, mir völlig unmögliche Dinge auszudenken.« Er machte eine Pause und suchte nach Worten. »Licht ist etwas ganz Besonderes, Memory. Es ist immer in Bewegung. Wirklich: immer. Es kann nie zum Stillstand kommen. Das ist seine Eigenart. Die Bewegung ist ein Teil von dem, was Licht ist.«

»Wie beim Tanzen.«

»Tanzen?«

»Na ja, beim Tanzen bewegt man sich. Wenn man stillsteht, tanzt man nicht.«

»Hm... so habe ich das noch gar nicht gesehen. Vermutlich hast du Recht. So ähnlich ist das.«

»Und weiter?«

»Wenn es dir gelungen wäre, den Lichtstrahl einzuholen, wäre er nicht mehr in Bewegung gewesen – wenigstens von dir aus gesehen. Er würde stillstehen und nichts tun.«

»Verstehe ich nicht.«

»Stell dir vor, du fährst auf der Autobahn. Das Auto, in dem du sitzt, überholt ein anderes. Beide Autos fahren schnell, aber es kommt dir so vor, als ob das andere Auto neben deinem stillsteht.«

»Ja, das kenne ich. Aber was ist anders, wenn man einen Lichtstrahl überholen will? Warum sehen wir den nicht auch so, als ob er stillsteht?«
»Das genau ist der Punkt. Wie Autos aussehen, die nicht in Bewegung sind, wissen wir. Das kennen wir von Garagen und Parkplätzen her. Mit dem Licht ist es anders. Licht, das stillsteht, gibt es einfach nicht. Es ist immer aktiv, immer in Schwingung, immer unterwegs von einem Ort zum anderen. Licht ohne Bewegung wäre kein Licht mehr. Es ist so wie bei deinen Tänzern: Sobald sie für dich so aussehen, als ob sie keine Bewegung machen, empfindest du sie nicht mehr als Tänzer. Licht steht niemals still, also kann es auch nicht so aussehen, als ob es stillsteht.«
»Aber wenn wir es einholen würden, dann würde es stillstehen«, beharrte Memory.
»Wenn, meine Liebe. Wenn!«, rief Onkel Albert. »Das ist es ja eben, was ich jetzt weiß: Wir können Licht nicht einholen. Den Beweis hast du mir gerade geliefert. Und weil wir es niemals einholen können, werden wir auch nie den Eindruck haben, es sei zum Stillstand gekommen. Das ist erstaunlich! Großartig! Warum hat darüber noch keiner nachgedacht?« Triumphierend warf er die Arme in die Luft wie ein Fußballer, der gerade ein Tor geschossen hat. – Immer, wenn ihm ein bedeutender Gedanke kam, wurde er ganz und gar aufgeregt. – »Wir werden alle naturwissenschaftlichen Bücher umschreiben müssen!«
Memory wartete, bis er sich wieder etwas beruhigt

hatte. »Was wäre aber, wenn wir eine schnellere Rakete hätten?«
»Schnellere Rakete? Nein, nein, Mädchen, das würde nichts nutzen. Überhaupt nichts. Erinnerst du dich nicht an das, was der Computer gesagt hat? Das Triebwerk war in der Lage, jede gewünschte Energie zu liefern.«
»Aber das gibt doch keinen Sinn. Im Weltraum ist ja keine Luft und auch sonst nichts, was unsere Geschwindigkeit verlangsamen könnte. Stimmt's? Was hindert uns also, schneller zu fliegen?«
Onkel Albert überlegte einen Augenblick. Er sah sich auf dem Schreibtisch um. »Gib mir den Notizblock«, sagte er schließlich. »Dann will ich es dir erklären.«
Memory ging und holte ihn.
»Jetzt bring mir den Schreibtisch.«
Sie drehte sich um und wollte der Aufforderung schon folgen, doch dann blieb sie stehen. »Onkel Albert!«
»Ja bitte?«
»Du hast gesagt, ich soll dir den Schreibtisch bringen.«
»Und?«
»Den Schreibtisch kann ich dir doch nicht bringen!«
»Warum nicht? Den Notizblock hast du mir ja auch gebracht.«
»Sei doch nicht albern, Onkel! Du weißt ganz genau, dass ich dir den Schreibtisch nicht bringen kann. Er ist viel zu schwer!«, protestierte Memory.

»Aha«, sagte Onkel Albert mit verschmitztem Blick. »Dasselbe Mädchen, das stark genug ist, mir einen Notizblock zu bringen, hat nicht genug Kraft, den Schreibtisch zu bewegen. Und der Grund dafür ist, dass der Schreibtisch viel schwerer ist.«

»Gut, aber was hat das mit der Rakete zu tun, die nicht schneller fliegen kann?«

»Ich erkläre es dir. Es ist ganz einfach. Das Raketentriebwerk treibt die Raumkapsel an und setzt sie in Bewegung. Die Kapsel wird schneller, die Triebkraft der Rakete bleibt gleich stark, hat aber immer weniger Wirkung. Und wenn die Kapsel schließlich beinahe mit Lichtgeschwindigkeit fliegt, nutzt der Motor fast überhaupt nichts mehr. Dabei ist die Antriebskraft immer dieselbe geblieben. Warum wohl ist das so?«

Memory überlegte. »Du willst doch damit nicht sagen ...« Sie verstummte.

»Nur weiter«, ermunterte Onkel Albert das Mädchen.

»Willst du damit etwa sagen, dass die Kapsel schwerer wird, je schneller sie fliegt?«, fragte sie vorsichtig. »So, als ob das Triebwerk beim Start einen Notizblock antreibt und ab einer bestimmten Geschwindigkeit einen Schreibtisch?«

Onkel Albert nickte.

»Aber warum ist das so mit Raumkapseln?«, fragte Memory. »Was ist denn Besonderes an ihnen?«

»An Raumkapseln ist gar nichts Besonderes. Alles, was sich in schneller Bewegung befindet, muss schwerer werden. Nicht nur die Kapsel, auch alles in der Kapsel wird schwerer.«

»Alles? Und wie ist das ... mit mir?«

»Ja, du auch.«

»Ich bin schwerer geworden?«

»Ganz genau.«

Memory sah an ihrem Körper hinunter. »Ich habe nicht gemerkt, dass ich dicker geworden bin.«

Onkel Albert gluckste. »Nein, nein, das ist ja auch keine Frage von zusätzlichem Fett. Du hast keine Speckringe angesetzt oder so. Dein Körper bestand aus denselben Bestandteilen wie vorher. Doch je schneller du bewegt wurdest, desto mehr Energie war notwendig, um dein Tempo zu halten und noch zu beschleunigen.«

»Aber ich habe mich nicht schwerer gefühlt.« Memory ließ nicht locker. »Ganz im Gegenteil. Als der Motor abgestellt war, habe ich mich richtig leicht gefühlt. Wenn der Gurt mich nicht gehalten hätte, wäre ich herumgeschwebt – wie die Astronauten im Fernsehen.«

»Ah ja. Aber das ist etwas völlig anderes. Normalerweise werden wir von der Schwerkraft angezogen ...«

»Schwerkraft?«

»Ja.« Onkel Albert streckte die Hand mit dem Notizblock aus. »So ...« Er ließ den Block los, und der fiel zu Boden. »Das bewirkt die Schwerkraft. Sie zieht alles nach unten – uns, zum Beispiel. Aber der Grund, weshalb wir nicht fallen wie dieser Block, ist, dass die Erdoberfläche uns abstößt ...«

»Mich stößt sie nicht ab«, sagte Memory und schaute auf ihre Füße. Der Sessel, in dem sie saß, war so groß, dass ihre Füße den Boden nicht erreichten.
Onkel Albert lachte. »Das ist wahr. In deinem Fall ist es die Sitzfläche des Sessels, die gegen deinen Körper drückt und dich am Fallen hindert. Wie auch immer. Der Grund, warum man sich normalerweise schwer fühlt, ist, dass man gleichzeitig von der Schwerkraft nach unten gezogen wird und von einer anderen Kraft abgestoßen wird.«
»Und wie ist das im Weltraum?«
»Da oben bist du frei geschwebt. Im Weltraum konnte weder die anziehende Kraft der Erde noch die abstoßende Kraft der Erdoberfläche wirken. Deshalb hast du dich leicht gefühlt. Doch für den Motor, der deine Geschwindigkeit vergrößern sollte, war es, als ob er etwas sehr Schweres bewegen müsste. Und je schneller du geflogen bist, desto schwerer bist du für ihn geworden.«
»Komisch«, murmelte Memory. Was immer auch schwerer wird, dachte sie für sich, im Moment wird vor allem dieses Gespräch schwerer.
Onkel Albert stand auf und räumte das Geschirr weg. »Es wird Zeit, dass du gehst. Deine Mutter macht sich bestimmt längst Sorgen. Und ich habe noch einmal gründlich nachzudenken über die Entdeckung, die du gemacht hast. Wir werden ein neues Naturgesetz brauchen. Eins, in dem ausgesagt wird, dass Körper schwerer werden bei zunehmender Geschwindigkeit.«

Memory folgte ihm in die Küche. Sie nahm ihm das Geschirr aus der Hand und fing an, es abzuspülen.

»Warum passiert das alles nur, wenn wir beinahe Lichtgeschwindigkeit erreichen?«

»Hmmm. Ich vermute, es passiert nicht nur dann. Möglicherweise passiert es immer. Jedes Mal, wenn wir uns schneller bewegen, ist es, als würden wir schwerer.«

»Und warum hat das noch kein Mensch bemerkt?«

»Ich kann es mir nur so erklären, dass diese Wirkung in unserem alltäglichen Leben – bei normalen Geschwindigkeiten – zu gering ist, um gemessen zu werden.«

»Wie ist es, wenn man in einem Schnellzug fährt?«

»Auch da ist die Wirkung nicht zu spüren.«

»Und in einem Überschallflugzeug? Im amerikanischen Space Shuttle?«

»Selbst da nicht. Zwar wirkt das Gesetz bei jeder Art von Bewegung, aber es wird nur spürbar bei einer Raumfahrt, wie du sie heute unternommen hast. Nur, wenn man fast mit Lichtgeschwindigkeit fliegt.«

»Sag mal, Onkel Albert, wie schwer bin ich denn geworden?«

»Als du mit halber Lichtgeschwindigkeit geflogen bist, warst du ungefähr fünf Kilogramm schwerer als sonst. Dann, bei neun Zehntel der Lichtgeschwindigkeit warst du wohl doppelt so schwer wie gewöhnlich. Und zum Schluss . . . hm, schlecht zu sagen, aber es würde mich nicht wundern, wenn du so schwer warst wie der Buckingham-Palast.«

»Wie der Buckingham-Palast?«, rief sie mit weit aufgerissenen Augen.

Onkel Albert nickte.

»Toll.« Memory konnte nur staunen.

Sie ging zur Hintertür. Dort drückte sie ihrem Onkel Albert einen Kuss auf die Stirn, drehte sich um und – blieb wieder stehen. Etwas war ihr noch eingefallen.

»Beinahe hätte ich es vergessen, Onkel Albert. Ich wollte doch ein Referat darüber schreiben, wie man einen Lichtstrahl einholt. Jetzt wissen wir, dass dies nicht möglich ist. Aber vielleicht kann ich ja schreiben, warum es unmöglich ist. Ich könnte schreiben, wie das mit dem Schwererwerden ist und mit all diesen Sachen.«

»Das ist eine gute Idee. Wirklich. Eine sehr gute Idee.«

Was für ein eigenartiger Abend, dachte Memory, als sie sich in ihrem Bett unter die Decke kuschelte. Gut, dass nichts im Fernsehen kam. Sonst hätte ich das alles versäumt.

Einen Augenblick lang meinte sie, sie könne die kleinen Lichtstrahlen von ihrer Nachttischlampe erkennen. Sie stellte sich vor, wie sie einander durch das Zimmer jagten, immer in Bewegung, immer darauf bedacht, die gegenüberliegende Wand zu erreichen.

Irgendwie, überlegte sie, wär' es schon toll gewesen, einen Lichtstrahl von einem anderen Stern einzuholen. Aber immerhin – wer kann schon von sich behaupten, dass er einmal so schwer gewesen ist wie der Buckingham-Palast? Würde mich nicht wundern, wenn ich am Ende noch ins Guinness-Buch der Rekorde komme.
Sie gähnte, streckte sich, und dann knipste sie das Licht aus. Turny wird sich schön wundern, dachte sie noch. Aber was ist, wenn er es nicht glaubt?
Im nächsten Augenblick war sie fest eingeschlafen.

Die Uhr, die nachgeht und doch stimmt

Es klingelte. Onkel Albert hörte mit dem Kartoffelschälen auf, trocknete sich die Hände an der Hose ab und ging zur Tür.

»Guten Morgen, Memory!«, rief er. »Oder vielmehr: herzlichen Glückwunsch zum Geburtstag, meine Liebe!«

»Danke, Onkel Albert«, sagte Memory und trat ein. »Ich war ganz schön gespannt, ob du an meinen Geburtstag denken würdest.«

»Natürlich habe ich daran gedacht. Ich weiß, ich bin vergesslich, aber so schlimm ist es nun auch wieder nicht. Sogar ein Geschenk habe ich irgendwo für dich liegen – glaube ich jedenfalls.« Er drehte sich um und fing an, überall herumzuwühlen, in Schubläden, in Schränken, zwischen Kochbüchern, beim Geschirr und hinter dem Kühlschrank. Nach einer kleinen Ewigkeit ließ er einen Freudenschrei hören. »Hier! Hier haben wir es ja!« Er zog ein kleines Päckchen hinter dem Besteckkasten hervor.

»Was ist es?« Memory konnte es kaum erwarten.

»Mach es auf und sieh nach.«

Hastig riss sie das bunte Geschenkpapier ab. Wie nett von Onkel Albert, das Geschenk so hübsch zu

verpacken, überlegte Memory. Sie öffnete das kleine Kästchen. Eine Digitaluhr lag darin.
»Onkel Albert!« Memory machte vor Freude einen Hüpfer. »Woher hast du bloß gewusst, was ich mir wünsche? Ganz genau so eine wollte ich haben. Du musst Gedanken lesen können!«
»Ich wäre nicht von allein darauf gekommen. Aber schließlich habe ich einen Mund, nicht wahr?«
»Wie meinst du das?« Memory sah überrascht aus.
»Ach, ich weiß, du hast meine Eltern gefragt.«
Onkel Albert stellte die Zeit ein und erklärte Memory, wie man das Datum verändern konnte. Stolz legte sich das Mädchen die Uhr ums Handgelenk.
»Sie geht sehr genau«, sagte er. »Pro Monat höchstens ein paar Sekunden vor oder nach.«
»Hier steht *Quarz*. Was bedeutet das?«
»In der Uhr ist ein winziger Quarzkristall, und deshalb geht sie so genau. Er ist mit einem Stromkreis verbunden, der reguliert, wie schnell die Uhr geht. So wie bei meiner Digitaluhr im Arbeitszimmer. Auf die schwöre ich. Ich kann mich nicht erinnern, dass sie einmal um mehr als ein paar Sekunden falsch gegangen ist.«
Memory war außer sich vor Freude und umarmte ihren Onkel.
»Und was hast du vor an deinem Ehrentag?«, wollte er wissen. »Wieso bist du eigentlich nicht in der Schule?«
»Heute ist Samstag. Was hast du denn gedacht?«
»Stimmt ja. Hab' ich vergessen.«

»Ich weiß noch nicht, was ich den ganzen Tag so mache. Heute Abend, da gibt's natürlich eine Fete.«

»Und wo findet die statt?«, fragte Onkel Albert und wandte sich wieder den Kartoffeln zu.

»Bei uns.«

»Bei euch? Deine armen Eltern!«

»Sie gehen vielleicht aus. Hoffentlich tun sie es wirklich. Nicht auszudenken, wenn sie zu Hause rumsitzen. Bestimmt würden sie alles verderben. Ach ja«, ihre Augen leuchteten kurz auf, »Nick Jordan hat gesagt, dass er vielleicht auch kommt.«

»Nick Jordan? Wer ist das?«

»Och, einer von den Jungen aus meiner Klasse.«

»Nur irgendeiner?«, fragte Onkel Albert mit ahnungsvollem Blick.

»Na ja, also, weißt du ...«, begann Memory zögernd. »Alle Mädchen sind hinter ihm her. Und als ich ihn eingeladen habe, hat er tatsächlich gesagt, er kommt vielleicht. Das hat er vorher noch nie gesagt, zu keiner. Er hat eine tolle Anlage – eine Lichtorgel und Stapel von Schallplatten. Er könnte sie mitbringen, hat er gemeint.«

»Na, dann drück ich dir die Daumen«, versicherte Onkel Albert ernsthaft.

Memory lächelte. »Du willst mich doch nur auf den Arm nehmen, Onkel Albert.«

Er stellte den Topf auf den Herd. »So, das wäre geschafft. Dann bist du also heute Abend bestens beschäftigt. Übrigens, was macht das Referat?«

»Davon wollte ich dir gerade erzählen.« Sie sah ihn fragend an. »Ich habe mir nämlich überlegt ... «
»Ja?«
»Also, ich habe mir nämlich überlegt – weil ich doch heute Geburtstag habe und ... «
»Und was?«, drängte Onkel Albert ungeduldig. »Raus damit!«
»Also, ich habe mir überlegt, ob ich nicht noch einmal in den Weltraum fliegen könnte. Nur ganz kurz.« Sie fügte hinzu: »Es könnte für mein Referat nützlich sein.«
»So?« Onkel Albert sah seine Nichte interessiert an. »Was hast du vor?«
»Ich bin mir nicht ganz sicher«, antwortete sie leise. »Aber es würde mich vielleicht weiterbringen.«
»Du hast heute Geburtstag, und an Geburtstagen soll man sich vergnügen und nur das tun, was man wirklich will. Die Leute veranstalten einen Wirbel um einen, als ob sie nichts Besseres zu tun hätten. Die letzte Fahrt hat dir gefallen. Also, warum nicht?«
»So habe ich das nicht gemeint.« Memorys Stimme klang betreten.
»Warum denn nicht? Ich habe immer gedacht, Geburtstage sind eben so.« Er steuerte auf sein Arbeitszimmer zu und bedeutete ihr mit einer leichten Kopfbewegung, ihm zu folgen. »Wohin möchtest du? Hast du Lust auf einen Flug zum Mond?«
Memory riss die Augen auf. »Das wäre toll!«

»Wenn du willst, kann ich dich auch auf einen anderen Planeten befördern.«
»Ja bitte«, sagte sie und rannte hinter ihm her, um sich wieder in das Raumschiff versetzen zu lassen.

»In wenigen Augenblicken landen wir auf dem Mond. Bitte schnallen Sie sich an, löschen Sie Ihre Zigaretten, und richten Sie die Lehnen Ihrer Sitze auf. Unser Aufenthalt auf dem Mond wird eine halbe Stunde dauern. Passagiere, die aussteigen wollen, werden darauf hingewiesen, dass sie wegen des Fehlens von Atmosphäre Raumanzüge tragen müssen.«
Memory begriff nicht, warum der Computer so geschwollen daherredete. Man hätte glauben können, das Raumschiff wäre voll mit Urlaubern einer Pauschalreise. Dabei war Memory der einzige Passagier.
»Die Damen und Herren auf der rechten Seite können durch das Fenster die amerikanische Flagge sehen. Wir landen direkt neben der Stelle, an der vor Jahren die amerikanischen Astronauten als Erste den Mond betraten.«
Die Bremsrakete zündete. Ein Rumpeln, das Triebwerk schaltete sich ab, sie waren da.
Ganz aufgeregt kletterte Memory in dem unförmigen Raumanzug die Stahlleiter hinunter und setzte ihre Füße auf den Boden. Sie stand auf dem Mond!
Wie irre, dass ich jetzt hier bin, dachte sie.

Sie hüpfte auf und ab und wunderte sich, wie hoch sie kam. Dann fielen ihr die Fernsehbilder von den Astronauten ein. Die hatten sich genauso bewegt. Das hatte irgendwas mit der Schwerkraft zu tun, die auf dem Mond geringer war als auf der Erde. Memory entdeckte das kleine Auto, das die Astronauten für längere Erkundungsfahrten benutzt hatten, den Mondbuggy. Ob es wohl noch funktionierte? Sie ging darauf zu und stieg ein. Ihre Augen überflogen das Armaturenbrett. Unter einem Knopf stand START. Memory drückte darauf, aber nichts passierte. Dann zog sie daran. Sofort

lief eine schwache Erschütterung durch das ganze Gefährt. Zu ihrer Freude wurde das Zittern und Ruckeln beständiger, und das Auto begann, sich vorwärts zu bewegen.
Los ging's. Sie kurvte umher, mal hierhin, mal dahin, machte einen Hüpfer hoch in die Luft – obwohl da gar keine war – und wirbelte Staubwolken auf.
»Die Passagiere werden gebeten, an Bord des Raumschiffs zu kommen. Wir wollen starten!«, dröhnte die Stimme des Computers in Memorys Helm.
Es muss da wohl eine Funkverbindung geben, dachte sie.
Dann ging sie zurück. Als sie sich wieder auf ihren Platz im Raumschiff niederließ, hörte sie ein seltsames Schleifgeräusch. Plötzlich glitt aus einer Öffnung im Armaturenbrett des Computers ein großer Riegel Schokolade und fiel ihr in den Schoß.
»Herzlichen Glückwunsch zum Geburtstag, Memory!«, sagte der Computer. »Ich habe gedacht, das kannst du vielleicht gebrauchen.«
Memory lächelte. »Sehr freundlich von dir, Mr. Computer!«
Und damit startete das Raumschiff zum zweiten Teil seiner Reise.
Sie flogen zum Mars, einem Planeten, der halb so groß ist wie die Erde. Wild sah es hier aus, Krater, wo man hinschaute, durchzogen von tiefen Schluchten, und hier und da gab es ausgedehnte Eisflächen. Ununterbrochen fegten heftige Staubstürme darüber hinweg. Memory war enttäuscht,

als sie erfuhr, dass hier mit Sicherheit keine Lebewesen, keine Marsmenschen oder Ähnliches, wohnten.
»Wie schade. Ich habe gehofft, ich würde jemanden treffen.«
Dem Planeten Venus gingen sie aus dem Weg.
»Ein ekelhafter, scheußlicher Ort«, sagte der Computer. »Heiß wie geschmolzenes Blei und umhüllt von schmutzig gelben Säureschwaden.«
Auch den Merkur strichen sie von ihrer Liste.
»Noch so ein unerquicklicher Ort«, erklärte der Computer. »Viel zu nah an der Sonne. Wir werden lebendig gebraten, wenn wir da landen.«
Stattdessen steuerten sie nun die riesengroßen Planeten Jupiter und Saturn an. Jupiter war wirklich gigantisch. Er hatte den zehnfachen Durchmesser der Erde. Man sah von ihm nur eine Masse aus wirbelnden weißen und orangefarbenen Wolken, die von lebhaft zuckenden Blitzen erhellt wurden. (Memory wurde ein wenig an Nick Jordans hervorragende Anlage erinnert.) Der Jupiter hatte vier Monde von der Größe unseres Erdenmondes, dazu noch einige kleinere. Einer der größeren Jupitermonde war mehrfarbig, und Memory entdeckte auf ihm mindestens ein halbes Dutzend heftig ausbrechender Vulkane, von denen hell lodernde heiße Lava ausgestoßen wurde.
Aber am eindrucksvollsten von allen war der Planet Saturn. Memory konnte die Pracht und Schönheit seiner Ringe nicht genug bewundern: Riesige, flache Scheiben umgaben den Planeten.

»Woraus mögen sie sein?«, fragte Memory.
»Staub und Stein«, antwortete der Computer. »Nichts als Staub und Stein.«
Gern hätte sie auch noch die drei anderen Planeten aufgesucht, Uranus, Neptun und Pluto, doch der Computer erklärte, sie lägen so weit entfernt, dass man sie bei einem Halbtagesausflug nicht erreichen könne. Sie kehrten also um und machten sich auf den Heimflug.

»Wunderschön war's«, erzählte Memory, als sie wieder in Onkel Alberts Arbeitszimmer war. »Auf der Fete heute Abend muss ich es unbedingt allen erzählen. Ich kann es kaum erwarten.«
»Würde ich nicht machen an deiner Stelle«, sagte Onkel Albert. »Sie würden dir niemals glauben.«
Sie lachten beide.
»Auf jeden Fall war es wunderschön«, wiederholte Memory. »Trotzdem, von allen Orten, die wir besucht haben, ist die Erde doch der schönste Platz zum Leben.«
»Da kann ich dir nur zustimmen. – Aber jetzt musst du gehen. Sonst kommst du zu spät zum Mittagessen.«
Memory warf einen Blick auf die Digitaluhr, die auf dem Kaminsims stand. Was sie sah, verwirrte sie.
»Ist das die Uhr, von der du so geschwärmt hast, Onkel Albert? Die immer richtig gehen soll?«
»Ja. Warum?«
»Weil sie falsch geht. Entweder die oder meine Uhr geht falsch.«

»Falsch?«
»Ja. Auf deiner Uhr ist es zwei, bei mir ist es fünf Minuten vor eins. Ich hoffe, es ist nicht zwei Uhr, sonst kriege ich Ärger mit Mutter. Sie hat gesagt, ich soll um eins zurück sein.«
»Oh, das tut mir Leid«, meinte Onkel Albert. »Die Zeit fliegt nur so dahin. Ich habe es gar nicht bemerkt. Es ist wirklich schon zwei Uhr.«
»So spät kann es doch noch gar nicht sein«, beharrte Memory.
»Wenn du willst, werde ich es nachprüfen.« Onkel Albert ging zum Telefon und wählte die Nummer der Zeitansage.
»... Beim nächsten Ton ist es 14 Uhr, drei Minuten und zehn Sekunden ... piep ... Beim nächsten Ton ...«
»Kein Zweifel, zwei Uhr«, sagte Onkel Albert.
Memory war enttäuscht. »Dann geht meine Uhr nach.«
»Aber nein. Sie kann nicht nachgehen. Es ist eine Quarzuhr. Gib doch mal her.«
Onkel Albert nahm sie zwischen die Finger, hielt sie neben seine Digitaluhr und beobachtete, wie schnell jeweils die Zahlen umsprangen.
»Soweit ich erkennen kann«, sagte er schließlich, »gehen sie genau gleich schnell. Lass deine Uhr noch mal hier. Ich werde sie beobachten. Wahrscheinlich habe ich sie vorhin falsch gestellt.«
»Nein, hast du nicht«, widersprach Memory. »Ich habe zugeschaut. Du hast sie ganz genau gestellt.«
»Wirklich?«, murmelte Onkel Albert und sah sehr

überrascht aus. »Seltsam. Hmmm ... « Er trippelte zum Arbeitszimmerfenster und beobachtete den Himmel. »Ich möchte wissen ... ich möchte bloß mal wissen ... «

»Was, Onkel Albert?«

»Wie? Ach nichts, nichts. Gar nichts.«

Doch Memory war sicher, dass sie ihn dabei erwischt hatte, wie er einen großen Gedanken gebar. Und tatsächlich: über Onkel Alberts Sessel konnte sie die Denkblase schon erkennen.

»Raus mit dir! Raus!«, rief er barsch. »Du bist schon zu spät. Sag deiner Mutter, dass es meine Schuld ist. Ich hätte es wissen müssen ... «

»Was wissen müssen?«, hakte Memory nach.

»Gar nichts«, erwiderte Onkel Albert bestimmt. »Raus mit dir. Aber ... «

»Aber was?«

Er lächelte. »Aber komm wieder heute Nachmittag. Wir haben noch viel zu tun.«

Es klingelte. Memory stand vor der Tür. Onkel Albert kam es vor, als wäre sie nicht länger als fünf Minuten fort gewesen.

»Du? Hast du dein Mittagessen schon runtergeschlungen? Du wirst Bauchweh kriegen.«

»Ich wollte nichts versäumen«, sagte sie eifrig. Sie trat ein und sah sich erwartungsvoll um. »Also, was haben wir zu tun?«, drängte Memory.

»Es ist so«, begann Onkel Albert. »Ich habe nachgedacht ... «

»Ich weiß.«

»Bei dem Flug heute Morgen – wie hoch war da deine Geschwindigkeit?«
»Weiß ich nicht. Darauf habe ich nicht geachtet. Nur auf dem Rückweg. Da war ich dicht an der Geschwindigkeitsgrenze. Weil ich ja um eins zu Hause sein sollte.«
»Geschwindigkeitsgrenze?«
»Ja, die Lichtgeschwindigkeit ... wir können doch nicht schneller als ... «
»Ah, ich verstehe, was du meinst«, sagte Onkel Albert mit einem Lächeln. Nachdenklich fügte er hinzu: »Du bist also beinahe mit Lichtgeschwindigkeit geflogen. Das habe ich mir gedacht.«
»Warum?«
»Eine seltsame Wirkung, die eintritt, wenn wir nahe an die Lichtgeschwindigkeit herankommen, hatten wir ja bereits entdeckt ... «
»Wir werden schwerer. Ich weiß. Das habe ich mir für mein Referat schon aufgeschrieben. Und was noch?«
»Ich habe das Gefühl, wir sind da noch etwas anderem auf der Spur, was ebenso eigenartig ist.«
»Was denn?«
»Es hat mit der Zeit zu tun.«
»Mit der Zeit?«, wiederholte Memory stirnrunzelnd.
»Ja«, bestätigte Onkel Albert, und Memory merkte, dass er ganz aufgeregt wurde. »Verstehst du, wir setzen einfach voraus, dass Zeit für jeden dasselbe bedeutet. Wenn ich sage, etwas dauert eine Stunde, dann meine ich damit das gleiche wie du, wenn du

von einer Stunde sprichst. Und wir nehmen an, eine Stunde hier auf der Erde vergeht genauso schnell wie eine Stunde in einer Raumkapsel. Aber es könnte sein, dass dies nicht stimmt. Es könnte sein, dass es da einen Unterschied gibt.«

»Das wäre ja ein ganz schreckliches Durcheinander«, protestierte Memory. »Es kann doch nicht jeder seine eigene Zeit haben. Wir würden uns ja überhaupt nicht mehr auskennen. Für den einen gilt die eine Zeit und ...«

»... und für den anderen gilt eine ganz andere Zeit«, ergänzte Onkel Albert. »Für den einen ist es vielleicht fünf vor eins und für den anderen zwei Uhr.«

Memory betrachtete ihren Onkel argwöhnisch. »Das meinst du doch nicht ernst. Willst du mich auf den Arm nehmen?«

»Ich meine es ernst«, sagte Onkel Albert. »Als du beim Mittagessen warst, habe ich deine Uhr beobachtet. Sie läuft einwandfrei – wie ich es mir gedacht hatte. Ich habe sie nach meiner Uhr gestellt, und sie stimmt genau mit ihr überein.«

Sie gingen ins Arbeitszimmer. Memory verglich die Uhren. Sie zeigten beide dieselbe Zeit an.

»Also gut. Wenn du es wirklich ernst meinst ... dann ... was soll ich dann tun?«

»Ich möchte, dass du noch einmal in den Weltraum fliegst. Diesmal lässt du deine Uhr hier und nimmst stattdessen meine Digitaluhr mit.«

Überrascht sah sie ihn an. »Du willst, dass ich deine Uhr mitnehme ... statt meiner?«

»Ja, genau. So könnten wir herausfinden, ob hohe

Geschwindigkeit tatsächlich eine Wirkung auf die Zeit hat oder ob nur mit deiner Uhr etwas nicht stimmt.«

»Dann müsste diesmal deine Uhr wegen der hohen Geschwindigkeit langsamer gehen als meine Armbanduhr?«

»Genau. Und noch etwas. Ich möchte, dass du auch diesen Wecker mitnimmst. Er funktioniert anders als die beiden Quarzuhren. Es ist ein ganz gewöhnlicher mechanischer Wecker. Damit könnten wir beweisen, dass die Zeitverschiebung, die wir untersuchen wollen, nicht etwa von den Eigenschaften des Quarzes, vom Stromkreislauf oder solchen Dingen abhängt.«

Onkel Albert legte die Armbanduhr auf den Schreibtisch und gab Memory die beiden anderen Uhren. Vorsichtig setzte sie sich damit in den Sessel ihm gegenüber. Als sich schon die Denkblase über Onkel Alberts Kopf bildete, fuhr er fort: »Nun pass auf: Du beschleunigst, na, sagen wir mal, auf neun Zehntel der Lichtgeschwindigkeit. Mit dieser Geschwindigkeit fliegst du direkt zum Jupiter. Der Computer wird dich steuern.«

»In Ordnung.«

»Sobald du dort bist, kehrst du um und fliegst mit derselben Geschwindigkeit zurück. Trödel nirgendwo herum. Du kommst auf dem direkten Weg wieder hierher. Hast du verstanden?«

»Verstanden.«

»Schön. Jetzt vergleichen wir die Zeit. Es ist 14.45 Uhr. Stimmt's?«

»Ja«, sagte Memory. Sie schaute noch einmal auf ihre Armbanduhr, die auf dem Schreibtisch lag. »Genau 14 Uhr und 45 Minuten.«
»Gut. Es geht los. Viel Glück!«

Alles verlief nach Plan.
»Geschafft!«, verkündete Memory, sobald sie merkte, dass sie zurück war im Arbeitszimmer. »Auftrag ausgeführt!«
»Prima!« Onkel Albert strahlte.
»Ich habe alles genauso gemacht, wie du gesagt hast. Und hier sind deine Uhren. Auf beiden ist es 15.25 Uhr. Ich habe also zwanzig Minuten für den Hinweg und zwanzig Minuten für den Rückweg gebraucht.«
»Zwanzig hin und zwanzig zurück«, wiederholte Onkel Albert. »Macht zusammen vierzig Minuten. Du bist um 14.45 Uhr gestartet, also muß es jetzt 15.25 Uhr sein. Richtig?«
Er ging hinüber zum Schreibtisch und holte Memorys Uhr. »Und was sagst du dazu?«
Auf der Armbanduhr war es 16.15 Uhr!
»Aber das stimmt doch nicht!«, rief Memory. »Ich weiß, dass es nicht so spät sein kann. Heute Morgen ist sie nachgegangen, jetzt geht sie vor.«
Onkel Albert griff zum Telefon, wählte und gab Memory den Hörer.
»... Beim nächsten Ton ist es 16 Uhr, 15 Minuten und 20 Sekunden ... piep ... Beim nächsten Ton ...«
»Überzeugt?«, fragte Onkel Albert.

»Nein. Ganz und gar nicht!«, rief sie trotzig. »Du willst mir weismachen, dass ich ... wie lange? ... eineinhalb Stunden unterwegs war. Aber das kann nicht sein. Das ist doch Unsinn. Ich weiß sicher, dass ich nicht so lange weg war. Diesmal habe ich genau aufgepasst. Die ganze Zeit über habe ich die Uhren beobachtet. Wenn ich eineinhalb Stunden fort gewesen wäre, hätten sie mit halber Geschwindigkeit laufen müssen. Halb so schnell, wie sie jetzt gehen – das ist einfach lächerlich! Das hätte ich doch gemerkt. Wirklich, Onkel Albert, ich kann es beschwören, sie sind nicht langsamer gegangen.«

»Schon gut, schon gut, Memory«, besänftigte er sie. »Ich streite ja gar nicht ab, was du sagst. Ich bin überzeugt, dass du die Uhren genau beobachtet hast. Und ich glaube dir, dass sie – von dir aus gesehen – wie gewöhnlich funktioniert haben. Aber ich habe das gleiche getan, während du weg warst. Ich habe hier gesessen und deine Armbanduhr beobachtet. Und von meinem Standpunkt aus ist die Uhr so normal gelaufen wie immer.«

»Warum zeigen sie dann jetzt unterschiedliche Zeiten an?«

»Dafür weiß ich nur eine Erklärung: Die Zeit im Raumschiff ist nicht gleich der Zeit auf der Erde. Der Flug hat vierzig Minuten nach Raumschiffzeit gedauert und eineinhalb Stunden nach Erdzeit.«

»Wie meinst du das? Raumschiffzeit und Erdzeit? Es gibt doch bloß eine Zeit: die Zeit eben.«

»Anscheinend nicht. Offenbar gibt es zwei Zeiten.

Die Reise hat eineinhalb Stunden nach Erdzeit gedauert und ungefähr halb so lang – vierzig Minuten – nach Raumschiffzeit. Das ist es, was du gerade herausgefunden hast.«

»Das verstehe ich nicht«, sagte Memory und schaute ihren Onkel ungläubig an. »Warum sehen die Uhren denn so aus, als ob sie ganz normal gingen, wenn es doch gar nicht so ist?«

»Es sind ja nicht nur die Uhren, die im Raumschiff langsamer gehen. Alles geht dort langsamer. Die Zeit selbst schreitet langsamer voran. Dein Atem verlangsamt sich, dein Herzklopfen, die Verdauung des Mittagessens, das du so heruntergeschlungen hast, dein Denken ...«

»Mein Denken?«

»Ja natürlich«, bekräftigte Onkel Albert. »Für alles, was unterwegs im Raumschiff geschieht, gilt die Raumschiffzeit, auch für die Geschwindigkeit, in der du nachdenkst.«

»Du meinst, ich habe Uhren beobachtet, die langsamer gegangen sind, mit einem Gehirn, das auch langsamer funktioniert hat?«

»Genau.«

»Und mein Gehirn war im selben Maß verlangsamt wie die anderen Dinge, die Uhren und auch mein Atem und einfach alles?«

»Ja. Die Uhren sind halb so schnell gegangen wie sonst, aber dein Gehirn hat auch nur halb so schnell gearbeitet. Und deshalb ist dir alles ganz normal erschienen.«

»Toll.«

Er lachte. »Ja. Das könnte ein bahnbrechendes Kapitel werden in deinem Referat, findest du nicht?«
Memory nickte unsicher.
Er gab ihr die Armbanduhr zurück. »Nimm sie besser an dich, bevor wir es vergessen. Und die beiden anderen Uhren muss ich neu stellen, damit sie wieder Erdzeit anzeigen.«
Memory band sich die Armbanduhr um. »Sag mal, Onkel Albert, kommt diese Zeitverschiebung nur vor, wenn man sich der Lichtgeschwindigkeit nähert?«
Er überlegte einen Moment. »Vermutlich nicht. Es wird sie immer geben. Genau wie die Sache mit dem Schwererwerden.«
»Ganz schön kompliziert«, sagte Memory. »Du meinst also, wir müssten unsere Wecker und Uhren jedes Mal neu stellen, wenn wir irgendwo hingehen?«
»Ich denke, genau genommen ja. Aber es ist nicht wirklich notwendig. Bei den normalen Geschwindigkeiten, die in unserem täglichen Leben vorkommen, verschiebt sich die Zeit höchstens um einen winzigen Bruchteil.«
»Wie winzig?« Memory war immer noch sehr mit diesem Gedanken beschäftigt.
»Wie winzig?« Onkel Albert kraulte sich das Kinn. »Lass mich mal sehen ...« Er angelte einen alten Briefumschlag aus dem Papierkorb und kritzelte auf der Rückseite herum. Dabei murmelte er vor sich hin. »... neun Zehntel der Lichtgeschwindigkeit ... eineinhalb Stunden ... vierzig Minuten ... ein Zug mit hundert Kilometern pro Stunde ...«

»So ungefähr!«, rief er endlich aus. »Mal angenommen, ein Lokomotivführer fährt jeden Tag mit seinem Zug zwischen London und Glasgow hin und her. Er tut das vierzig Jahre lang. Dann weicht seine Zeit – wenn er sich zur Ruhe setzt – um etwa den millionsten Teil einer Sekunde von der Zeit seiner Frau ab, die jeden Tag zu Hause geblieben ist.«
»Mehr nicht?« Memory wunderte sich. »Das ist ja gar nichts.«
»›Gar nichts‹ ist ungenau ausgedrückt. Es ist nicht wert, dass man sich darüber aufregt, da stimme ich dir zu. Aber es ist doch interessant zu wissen, dass es diese Wirkung gibt.«
Memory nickte. »Und was wäre, wenn ich ganz, ganz nahe an die Lichtgeschwindigkeit herankäme? Neun Zehntel hatte ich schon erreicht – und das hat alle Dinge, die dieser Geschwindigkeit ausgesetzt waren, um die Hälfte verlangsamt. Wenn ich noch näher an die Geschwindigkeitsgrenze herankäme, was dann?«
Onkel Albert sah sie an, als wollte er sagen: »Na, was wohl? Mach weiter. Was würde dann passieren?«
Memory dachte nach. Schließlich fragte sie unsicher: »Würde dann alles zum Stillstand kommen?«
Onkel Alberts Gesicht verzog sich zu einem breiten Lachen. Triumphierend schwang er die Arme durch die Luft, und gleich darauf umarmte er Memory heftig. »Das ist es, mein Mädchen! Das ist es ganz genau! Du bist schnell von Begriff! Genau das würde passieren, nehme ich an.«

Memory freute sich sehr. Ein wenig begann sie zu ahnen, was es hieß, große Gedanken zu haben. Es hatte offenbar enorm viel mit Spaß zu tun. »Sag mal, Onkel Albert, würde ich dann für immer leben?«

»Hm – ja«, antwortete er zögernd. »Gemessen an der Erdzeit, würdest du immer leben ... «

»Wär das toll!«

»Halt, halt, freu dich nicht zu früh. Du darfst nicht vergessen, dass dein Gehirn dann aufhört zu denken. Du würdest gar nicht wissen, dass du für immer lebst.«

»Mann!«, sagte sie ärgerlich. »Hab ich mir doch gleich gedacht, dass irgendetwas faul ist daran. Und wie ist es mit dem Jüngerwerden? Könnte ich in der Zeit zurückgehen? Könnte ich wieder ein Baby werden? Das wär doch lustig ... «

»O nein, das ist nicht drin«, erklärte Onkel Albert entschieden. »Man könnte höchstens die Geschwindigkeit, in der man älter wird, verlangsamen. Doch älter wird man immer. Es ist ausgeschlossen, eine Reise ins All zum Jüngerwerden zu unternehmen.«

»Wenn wir aber zum Beispiel meine Mutter auf eine lange Reise ins All schicken, auf eine sehr lange Reise, und sie fliegt beinahe mit Lichtgeschwindigkeit, sodaß sie nur ganz langsam älter wird, und ich bleibe hier auf der Erde und habe immer wieder Geburtstag wie heute – würde das bedeuten, dass ich schließlich älter bin als meine Mutter?«

»Ja, so wäre es. Wie würde dir das gefallen? Deine Mutter könnte dann wahrscheinlich nicht mehr bestimmen, wann du nach Hause kommen sollst. Die Ärmste!«
Sie mussten beide lachen.
»Da wir gerade von Geburtstag reden«, sagte Onkel Albert, »ist dir klar, was mit deinem Geburtstag heute passiert ist?«
»Was?«
»Durch deine Weltraumreise hast du einen Teil deines Geburtstages versäumt.«
»Wieso?«
»Na, der vierzigminütige Ausflug hat eineinhalb Stunden deines kostbaren Tages in Anspruch genommen.«
»Ach so, ja. Das stimmt«, sagte Memory. »He, das ist aber nicht fair! Dann müsste mein Geburtstag nach Mitternacht eigentlich noch weitergehen, um die Verschiebung wieder auszugleichen!«
»Wenn ich an deine Fete denke«, sagte Onkel Albert, »dann glaube ich, da wird genug ausgeglichen. Und nun, meine Liebe, mach dich auf die Socken.«
Sie gab ihm einen Kuss. »Mag sein, dass es der kürzeste Geburtstag ist, den ich je hatte – aber ich bin mir schon jetzt sicher, dass es auch der beste ist. Danke, Onkel Albert!«
»Viel Spaß heute Abend!«, rief er ihr nach, als sie den Gartenweg hinunterlief. Und mit einem Zwinkern in den Augen fügte er hinzu: »Ich drücke dir die Daumen. Du weißt schon, warum!«

Das flachgedrückte Raumschiff

»Ist jemand zu Hause?«, fragte Memory, so laut sie konnte.
»Wer ist da?«, rief Onkel Albert von innen.
»Ich bin's nur. Wo steckst du?«
»Im Arbeitszimmer.«
Es war früh am Sonntagmorgen. Onkel Albert hantierte mit einer Zimmerantenne. Er schien sie an den Fernseher anschließen zu wollen. Doch das Gerät war ausgeschaltet. Er kann ja gar nicht sehen, wie der Empfang ist, dachte Memory.
»So früh habe ich dich nicht erwartet«, sagte Onkel Albert. »Ich habe angenommen, du würdest ausschlafen nach so einer Nacht.«
»Pah«, schnaubte Memory.
Onkel Albert blickte auf. »Was ist los? War es nichts mit der Fete?«
Sie zog die Schultern hoch. »Schlecht war es nicht, glaube ich. Jedenfalls, bis meine Eltern gekommen sind. Sie haben alles verdorben. Viel zu früh waren sie wieder zurück. Und dann haben sie angefangen, Theater zu machen. Wegen der Nachbarn und wegen dem Lärm. Total unmöglich. Die Nachbarn haben sich überhaupt nicht beschwert. Außerdem sind wir gar nicht laut gewesen. Ich hätte tot um-

fallen können, so habe ich mich geschämt. Bei Alison auf der Fete war es ganz anders. Ihre Eltern meckern nicht wegen jeder Kleinigkeit rum ...«

»Bitte, bitte«, brummte Onkel Albert, »lass deine Wut nicht an mir aus. Ich kann nichts dafür.«

»Jaja. Aber es war nicht fair, das musst du zugeben. Geburtstag hat man nur einmal im Jahr. Und wenigstens an diesem einen einzigen Tag ...«

»Hör auf damit! Mir brummt schon der Kopf!«

Memory seufzte. »Entschuldige. Du weißt ja, wie das ist. Die beiden sind eben aus der Steinzeit.«

»Dein Vater ist mein jüngerer Bruder. Wenn er ein Überbleibsel aus der Steinzeit ist, was bin ich dann?«

»Komm, du bist doch ganz anders. Du benimmst dich nicht nach deinem Alter.«

»Meine Güte, wie soll ich das denn auffassen?«, sagte Onkel Albert mit einem glucksenden Lachen. »Übrigens, ist dein junger Mann dagewesen?«

»Nick? Ja. Das war überhaupt das Schlimmste. Erst war es ganz toll, weißt du – und dann haben die beiden alles verpatzt. Jetzt wird er mich nie mehr einladen. Mann, war ich vielleicht sauer ...«

»Schon gut, schon gut. Ich weiß Bescheid. Lass uns das Thema wechseln.«

»Ja. Eltern können so schlimm sein, dass ...«

»Memory!«

»Tut mir Leid.«

»Beschäftige dein Gehirn doch mit was anderem. Du könntest mir zum Beispiel helfen.«

»Was machst du?«

»Ich werde gleich ein wenig nachdenken, damit man die Denkblase sehen kann. Stell dich doch mal da drüben hin.« Onkel Albert deutete in Richtung Fenster. »Und zwar so, dass du die Blase und die Antenne im Blickfeld hast. Sag mir Bescheid, wenn die Antenne genau auf die Denkblase gerichtet ist.«
»Wofür das alles?«, fragte Memory und stellte sich vor das Fenster. Ihr Interesse war erwacht.
»Es könnte sein, dass es dir bei deinem Referat weiterhilft.« Onkel Albert ließ sich in seinem Sessel nieder. Dann schloss er die Augen. Schon bald erschien die Denkblase und schwebte über seinem Kopf.
»Die Antenne ist zu hoch. Sie zeigt an der Blase vorbei.«
»Dann ändere die Stellung der Antenne«, sagte er, bemüht, seine Konzentration nicht zu unterbrechen.
Memory tat, was er wollte. »So. Jetzt ist es besser. Jetzt zeigt sie direkt auf die Denkblase.«
»Gut.«
»Und was möchtest du damit erreichen?«
Onkel Albert öffnete die Augen. »Pass auf«, sagte er. »Heute Morgen bin ich sehr früh aufgewacht. Ich konnte nicht mehr einschlafen, weil ich immer wieder über alles nachdenken musste, was wir gestern entdeckt haben. Du weißt schon, die Tatsache, dass die Zeit im Raumschiff langsamer vergeht als die Zeit auf der Erde und so. Ich habe mir überlegt, dass es interessant wäre, wenn ich sehen könnte,

was passiert. Probieren wir's doch mal aus.« Er zeigte auf die Antenne. »Vielleicht klappt es. Vielleicht lassen sich die Bilder aus der Denkblase mit dem Videorecorder aufzeichnen. Dann könnten wir sie abspielen und beobachten, was – von meinem Standpunkt aus – im Raumschiff vor sich geht, wenn du unterwegs bist. Wir könnten dann die Sichtweise von der Erde mit dem vergleichen, wie du es im Raumschiff erlebt hast.«
»Und was würden wir damit erreichen?«
»Durch die Aufzeichnungen im Videorecorder werden wir alles, was im Raumschiff passiert, in verminderter Geschwindigkeit sehen – obwohl du mir erzählt hast, dass alles ganz normal gewesen ist.«
»Du meinst, es wird so ähnlich sein wie Zeitlupe?«
»Ja, ungefähr.«
»Und ich werde es mir auch anschauen können, wenn ich zurück bin?«
»Genau. Falls es funktioniert.«
»Wollen wir ... jetzt gleich?«

Als sie zurück war, konnte sie es kaum erwarten, die Ergebnisse dieses neuesten Experiments zu sehen. Onkel Albert drückte auf die Rückspultaste des Videorecorders, und beide warteten ungeduldig. Sie spulten gar nicht erst bis zum Anfang zurück, sondern stoppten das Band und drückten auf START.
»Es hat geklappt!«, rief Memory aufgeregt. Ein Bild erschien, auf dem das Innere der Raumkapsel zu erkennen war. »Wirklich, wirklich, es funktioniert.«

Sie schauten genauer hin und entdeckten zu ihrer Freude, dass alles, was sich im Raumschiff ereignete, anscheinend verlangsamt vor sich ging. Die Kontrolllämpchen blinkten langsam, der Sekundenzeiger der eingebauten Uhr bewegte sich träge.
»Toll!«, keuchte Memory. »Das hätte ich nie geglaubt. Diese Lichter, die Uhr – sieh nur, wie langsam, und dabei sind sie mir vollkommen normal erschienen. Pass auf, Onkel Albert, gleich werde ich winken.«
Kurz darauf beobachteten sie, wie Memory gemächlich die Arme über ihrem Kopf hin und her schwenkte und Grimassen schnitt – so wie die Leute im Fußballstadion, wenn sie glauben, die Fernsehkameras sind auf sie gerichtet. Beim Winken stieß sie aus Versehen gegen eine Lampe über ihrem Sitz.
»Hast du das gesehen, Onkel Albert?«, rief Memory. »Da habe ich mir die Hand angestoßen. Schau mal, wie langsam ich sie reibe. Wie im Traum. Wie in solchen Träumen, in denen alles ganz langsam passiert. Man rennt, aber man kann nicht schnell rennen. Übrigens«, fügte sie hinzu, »die Hand tut mir immer noch weh. Siehst du? Noch ganz rot.«
Sie hielt ihm die Hand hin. Onkel Albert starrte gebannt auf den Bildschirm. Geistesabwesend nahm er ihre Hand und drückte ihr vorsichtig einen Kuss darauf. Dann beugte er sich vor, schaltete auf PAUSE, lehnte sich im Sessel zurück, faltete die Hände hinter dem Kopf und grübelte vor sich hin.

Nach einigen Augenblicken des Schweigens fragte Memory: »Bist du zufrieden, Onkel Albert? Bist du froh, dass alles so funktioniert, wie du es erwartet hast?«
»Hat es das wirklich?«
»Na klar. Du hast gesagt, dass alle Bewegungen langsamer erscheinen werden. Und genau das stimmt.«
»Ist dir nichts anderes aufgefallen?«
»Was anderes?«, fragte Memory verblüfft. »Eigentlich nicht. Anscheinend stimmt was mit dem Bild nicht so ganz. Aber sonst ...«
»Was stimmt mit dem Bild nicht?«
»Na ja. Sieht so zusammengedrückt aus. Irgendwie verzerrt. Als wäre das Raumschiff gegen eine Mau-

er gestoßen und dabei . . . verbeult. Und ich sehe so mager aus. So dünn bin ich doch gar nicht.«

»Genauso kommt es mir auch vor. Das Bild wirkt verzerrt«, stimmte Onkel Albert zu. »Aber ich glaube, es liegt nicht am Fernsehgerät, am Videorecorder oder an der Antenne.«

»Aber muss es doch!«, beharrte Memory.

»Nein, nein, da bin ich mir sicher. Komm, wir wollen es ganz von Anfang an laufen lassen.«

Diesmal spulte er das Band vollständig zurück.

»Da«, sagte er, als das Bild erschien. »So hat es vor dem Start ausgesehen. Solange das Raumschiff stillsteht, scheint alles ganz normal zu sein. Erst wenn die Geschwindigkeit zunimmt . . . da, jetzt . . . jetzt wirkt es zusammengedrückt. Ganz bestimmt hat es nichts mit der Bildqualität zu tun. Das Raumschiff ist wirklich zusammengedrückt worden!«

»Aber . . . «, Memory suchte nach Worten, »aber das ist doch verrückt! Ich habe das alles nicht so verbeult gesehen. Das wäre mir doch aufgefallen . . . «

»Nein, das konnte dir nicht auffallen. Du hast keine Veränderung festgestellt, weil auch du zusammengedrückt worden bist. Auch deine Augäpfel. Sie haben ebenso ihre Form verändert wie das ganze Raumschiff. Und deshalb hat für dich alles ganz normal ausgesehen.«

»So ein Unsinn! Das glaube ich nicht«, erklärte Memory entschieden. »Also wirklich. Ich kann unmöglich so zusammengequetscht worden sein. Das hätte ich gefühlt. Du kannst nicht ernsthaft verlangen, dass ich dir das abnehme. Flachgedrückt – und hätte nichts gemerkt! Jeder Knochen im Leib wäre mir doch gebrochen!«

»Nein, eben nicht«, sagte Onkel Albert sanft. »Nicht bei der Art Verzerrung, über die wir hier reden. Der Raum selbst wird dabei zusammengedrückt. Der Raum in der Kapsel ist in der Richtung zusammengepresst worden, in der sich das Raumschiff bewegt hat – und zwar alles, was dort an Raum ist: der leere Raum zwischen den Gegenständen und der Raum, der ausgefüllt ist von Gegenständen, von deinen Knochen, deinen Muskeln, deiner Haut, alles, alles. Nein, meine Liebe, dies ist eine besondere Art des Zusammengedrücktwerdens, davon spürst du kein bisschen.«

»Ich weiß nicht. Ich glaube immer noch, es ist Unsinn.«

»Ja, so scheint es mir.«

»Und damit du auch glaubst, dass es Unsinn ist, werde ich es beweisen.« Memory blickte sich um. »Hast du irgendwo ein Lineal?«

»Ein Lineal? Wozu willst du ein Lineal?«

»Sag' ich dir dann. Hast du eins?«

»Auf dem Schreibtisch müsste eins liegen. Aber ich sehe nicht ein, wozu ...«

»Ah, hier«, sagte Memory, nahm das Lineal und setzte sich wieder hin. »Bring mich wieder hinauf – bitte.«

»Warum?«

»Wirst du gleich merken.«

»Erzähl mir erst, was du vorhast«, bat Onkel Albert beharrlich.
»Ich werde das Raumschiff ausmessen. Und zwar zuerst vor dem Start und dann während des Fluges bei hoher Geschwindigkeit. Ich mache jede Wette, dass die Ergebnisse gleich sind.«
»Ich auch.«
»Auf diese Art werde ich beweisen ...« Sie brach ab. »Was hast du gesagt?«
»Dass ich ganz deiner Meinung bin. Wenn du die Länge des Raumschiffs vor und während der Fahrt misst, wirst du genau dasselbe Ergebnis erhalten.«
»Dann stimmt es doch«, murmelte sie unsicher. »Das ist doch der Beweis. An der Länge ändert sich nichts.«
»Falsch. Die Länge ändert sich.«
Memory ließ sich in den Sessel fallen. »Das kapier' ich nicht!«
»Komm, Memory, denk nach. Dein Lineal ist fünfundzwanzig Zentimeter lang. Du misst die Länge der Raumkapsel vor dem Start und bekommst irgendein Ergebnis, sagen wir mal fünfzig Meter. Mit anderen Worten, du legst dein Lineal also zweihundertfünfzigmal hintereinander auf den Boden, um vom vorderen Teil der Kapsel zur Rückseite zu gelangen. Klar?«
»Ja«, sagte Memory verdrießlich.
»Und dann wiederholst du die Prozedur während des Fluges.«
»Ja.«
»Also. Nun betrachte die ganze Sache von meinem

Standpunkt hier auf der Erde. Was werde ich auf dem Bildschirm sehen, während all das geschieht? Wie lang wird das Lineal sein, wenn du mit hoher Geschwindigkeit fliegst?«

»Jetzt verstehe ich«, sagte Memory, und sie klang enttäuscht. »Das Lineal schrumpft.«

»Ganz richtig. Es schrumpft. Ein Lineal, das nur halb so lang ist wie normal, wird auch zweihundertfünfzigmal angelegt werden müssen, um eine Raumkapsel auszumessen, die ebenfalls um die Hälfte ihrer normalen Größe geschrumpft ist.«

Memory blickte unglücklich vor sich hin. »Onkel Albert ...«, fing sie an.

»Ja, meine Liebe?«

»Ach nichts.«

»Was wolltest du sagen?«

»Nichts.«

»Na komm. Was ist los?«, fragte Onkel Albert.

»Also ... es ist nur ... mein Referat.«

»Was ist mit deinem Referat?«

»Inzwischen denke ich, dass ich mir da zu viel vorgenommen habe. Vielleicht hätte ich doch ein leichteres Thema wählen sollen.«

»Ein langweiligeres, wolltest du sagen!« Onkel Albert zwinkerte mit den Augen.

Sie lächelte. »Du hast es gut«, sagte sie. »Ich bin es schließlich, die sich vor der ganzen Klasse blamiert. Darrell Curtis macht sich schon lustig über mich. Er sagt, das sei doch nur Sciencefiction, und ich hätte mir alles ausgedacht. Überhaupt meint der, dass Naturwissenschaft bloß was für Jungen ist und ... «

»Das musst du nicht ernst nehmen«, beruhigte Onkel Albert sie. »Wer ist denn dieser Darrell Dingsda? Wie war doch gleich sein Name?«

»Er ist fürchterlich. Der schlimmste Junge in der ganzen Schule. Und ausgerechnet hinter mir muss der sitzen. Dauernd zieht er über mich her ... «

»Du kannst ihm von mir ausrichten, dass nichts von dem, was wir entdeckt haben, ausgedacht ist. Es sind Tatsachen.«

»Ich weiß, Onkel Albert. Trotzdem ist es so schwer. Wenn ich mit dem Thema nicht fertig werde, dann stehe ich schön blöd da. Zuerst ist ja alles ganz glatt gegangen – einen tollen Umschlag habe ich gemacht ... muss ich dir mal zeigen –, aber dann ist es so kompliziert geworden. Versteh mich nicht falsch. Das Ganze macht mir Spaß – die Raumfahrten und das. Nur, manchmal ... «

»Ein Radiergummi«, sagte Onkel Albert nachdenklich.

»Was?«

»Ein Radiergummi. Ein einfacher Radiergummi. Hast du auf meinem Schreibtisch einen gesehen?«

»Weiß nicht. Was willst du denn radieren? Du hast doch nichts geschrieben.«

»Nein, dafür brauche ich ihn auch nicht. Schaust du mal nach, ja?«

Memory ging zum Schreibtisch, kramte zwischen den Füllern und Bleistiften herum und fand schließlich einen Radiergummi.

»Ach, und noch einen Kugelschreiber, wenn du schon da bist«, rief Onkel Albert.
Memory brachte ihm beides. Er zeichnete ein Raumschiff auf eine Seite des Gummis. Als er damit fertig war, hielt er den Radiergummi der Länge nach zwischen Daumen und Zeigefinger und quetschte ihn so, dass die gezeichnete Rakete in Flugrichtung zusammengedrückt wurde.
Auf Memorys Gesicht erschien ein breites Lächeln. »Jetzt verstehe ich«, meinte sie strahlend. Sie nahm den Radiergummi und presste ihn selbst zusammen. »Wirklich, alles wird zusammengequetscht. Und deshalb passt alles zueinander. Ich glaube, langsam kapier ich.« Sie schwieg einen Augenblick, dann fuhr sie fort: »Und wie ist das bei gewöhnlicher Geschwindigkeit? Kommt diese Verzerrung immer vor? Sag nichts. Lass mich raten ... Ja«, wagte sie schließlich zu sagen, »es kommt immer vor. Nur ist bei normaler Geschwindigkeit die Verzerrung so gering, dass man nichts davon merkt.«
Onkel Albert nickte.
»Ehrlich?«, fragte Memory. »Das ist lustig. Busse, Autos und Fahrräder werden bei der Fahrt zusammengedrückt. Komische Vorstellung. Und wie wäre es, wenn das Raumschiff beinahe mit Lichtgeschwindigkeit fliegen würde?« Memory zögerte. »Würde es total zusammengedrückt – wie ein fliegender Pfannkuchen?«
»Ja. Absolut richtig. Das Raumschiff hätte nahezu keine Länge mehr – und du würdest trotzdem darin sitzen ... «

»Und kein bisschen davon merken!«
»So ist es, mein Mädchen!«, rief Onkel Albert jubelnd und boxte in die Luft. »Das hätte ich selbst nicht besser ausdrücken können.«
Wie glücklich er aussieht, dachte Memory. Er strahlte wie ein aufgeregter Schuljunge. »Es muss doch Spaß machen, Naturwissenschaftler zu sein, Onkel Albert. Den ganzen Tag denkst du über spannende Dinge nach. Gibt es tatsächlich Leute, die dich dafür auch noch bezahlen?«

Sonne, Steine und schwere Energie

Plop ... plop ...
Es war ein schöner, sonniger Nachmittag. Onkel Albert und Memory waren am Kanal unten. Sie machten öfter zusammen einen Spaziergang hierher.
Ab und zu warf Memory einen Kieselstein ins Wasser ... plop ... und beobachtete die kleinen, sich kräuselnden Wellen.
Onkel Albert lag auf dem Rücken, einen Strohhut über dem Gesicht, um seine Augen vor der Sonne zu schützen.
»Willst du mal mein Referat sehen?«, fragte Memory. »Ich habe es dabei.« Sie schwieg erwartungsvoll. »Ich dachte, es interessiert dich vielleicht, wie ich so vorankomme.«
»Womit?«, fragte Onkel Albert verschlafen.
»Mit meinem Referat. Meinem Projekt für die Schule. Ich habe alle unsere Entdeckungen aufgeschrieben.«
»Aha.«
Sie wartete. »Also?«
»Was, also?«
»Ach, vergiss es.«

Langsam richtete Onkel Albert sich auf. »Entschuldigung«, murmelte er. »Ich wollte nicht unhöflich sein. Das kommt von der Sonne. Die macht mich immer ganz rammdösig.«
»Ich kann es dir auch ein andermal zeigen ... «
»Nein, nein. Gib nur her.«
Memory war ein bisschen aufgeregt. »Wahrscheinlich sind noch ein paar Fehler drin.« Sie zog eine dunkelgrüne Mappe aus der Schultasche und gab sie ihrem Onkel.
»Schöner Umschlag«, bemerkte er.
Auf dem Umschlag war ein Raumschiff gemalt, eine Uhr und ein Lineal. Darunter stand der Titel: *Raum und Zeit – Entdeckungen von Onkel Albert.*

»Das stimmt nicht so ganz«, sagte er. »Ich meine, du hättest schreiben sollen: *Entdeckungen von Memory und Onkel Albert.* Schließlich hast du ebensoviel herausgefunden wie ich.«
»Aber doch nicht wirklich«, antwortete sie und wurde ein wenig rot.
»Doch, doch«, bekräftigte Onkel Albert. »Ohne deine Raumfahrten hätte ich überhaupt nichts entdeckt.«
»Na ja. Aber so ein langer Titel würde nicht hinpassen.«
Onkel Albert öffnete die Mappe und las aufmerksam den Text. Er lachte, als er zu der Stelle kam, an der Memory ein Stückchen Radiergummi eingeklebt hatte, auf das sie ein schmales Gesicht gezeichnet hatte. Wenn man an dem Radiergummi zog, wurde das Gesicht dicker und ähnelte verdächtig dem seinen!
Endlich schloss er die Mappe und gab sie ihr zurück. »Sehr gut, Memory. Alles ist durchaus verständlich erklärt.«
»Ehrlich? Sagst du das nicht bloß so?«
»Nein. Ich meine es ganz ehrlich. Es ist ausgezeichnet.«
»Und was ist . . . mit Fehlern?«
»Es sind keine Fehler drin. Du hast alles richtig erklärt.«
»Puh.« Memory war erleichtert.
»Kann sein, ein paar Rechtschreibfehler«, sagte er, legte sich wieder zurück und zog den Hut über das Gesicht. Memory warf Steine ins Wasser.

Plop ... plop ...
»Alisons Referat wird auch gut. Sie schreibt über Dinosaurier. Miss Simpson, unsere Kunstlehrerin, sagt, Alison darf nächste Woche beim Töpfern welche aus Ton machen. Und Frances Alexandra gibt an wie immer. Redet von nichts anderem als von ihren Vulkanen. Ich kapier das nicht, sie ist wirklich kein großes Licht, aber ihre Arbeit über Vulkane ist gut. Ich vermute, da steckt noch jemand mit dahinter.«
Sie sah zu ihm hinüber. »Onkel Albert, hörst du mir zu?«
»Hm ... ja.«
»Also, ich muss immer noch über Verschiedenes nachdenken.«
»Schön«, gähnte er. »Ich bin immer dafür, dass Menschen nachdenken.«
»Ich meine es ernst, Onkel Albert.«
»Tut mir Leid. Mach weiter.«
»Weißt du, bei meiner ersten Raumfahrt gab es einiges, was ich nicht verstanden habe. Die Sache mit dem Gewicht zum Beispiel. Du hast mir nie erklärt, was mich denn schwerer macht. Nach allem, was du gesagt hast, war mein Körper noch immer aus denselben Bestandteilen zusammengesetzt. Ich habe nichts an Fett oder dergleichen zugenommen. Deshalb begreife ich nicht, woher der Unterschied kommt. Warum wiegt ein Körper in Bewegung mehr als im Stillstand?«
Großes Schweigen war die Antwort auf ihre Frage. Sie wartete. Dann beugte sie sich vor und flüsterte

ihm ins Ohr: »Onkel Albert, hast du gehört, was ich gesagt habe? Bist du eingeschlafen?«

»Nein, nein«, murmelte er. Er schob den Hut zur Seite und richtete sich auf. Dann sah er sich um, als ob er etwas suche.

»Hast du was verloren?«, fragte Memory.

»Nein, nichts. Ich schaue nur nach Steinen. Könntest du mir zwei Kieselsteine bringen ... ungefähr von derselben Größe?«

Memory suchte zwischen den Steinen, die vor ihren Füßen lagen. »Gehen die hier?« Sie hielt ihm zwei Steine hin.

»Ja. Sie sind sich ziemlich ähnlich, stimmt's?«

»Ja.«

»Gut. Pass auf.« Er legte einen Stein auf seine Handfläche und ließ ihn langsam ins Wasser gleiten.

Plop. Sachte breiteten sich die kleinen Wellen aus.

»So«, sagte Onkel Albert. »Und was wird passieren, wenn ich den anderen Stein hineinwerfe?«

Memory überlegte. »Ist doch klar. Es wird platschen.«

»Wie sehr platschen?«

»Wie eben.«

Zu Memorys Überraschung schwenkte er den Arm weit zurück und schleuderte den Stein mit aller Kraft dicht vor sich ins Wasser.

Platsch! Das Wasser spritzte auf das Ufer, und ihre Kleider wurden nass.

»He, Onkel Albert!«, rief Memory ärgerlich, sprang auf und schüttelte sich. »Guck dir an, was du gemacht hast!«

»Nun wirst du es wenigstens nicht vergessen.« Er lachte spitzbübisch. »Du hast gesagt, es wird genauso spritzen wie vorhin.«
»Ich konnte ja nicht ahnen, dass du mit voller Wucht wirfst«, protestierte sie. »Das weiß doch jeder, dass es umso mehr spritzt, je doller man wirft!« Sie hörte auf, an ihrem Rock herumzuputzen, und setzte sich wieder.
»Entschuldigung«, sagte Onkel Albert. »Ich hatte nicht erwartet, dass es bis hierher spritzt. Habe ich doch tatsächlich meine Kraft unterschätzt. Aber jetzt denk mal darüber nach.« Er betastete seine Schulter und verzog schmerzvoll das Gesicht. »Ich glaube, ich habe mir einen Muskel gezerrt.«
»Das geschieht dir ganz recht!«
»Wie auch immer«, fuhr Onkel Albert fort. »Was ich deutlich machen wollte, ist Folgendes: Wir haben zwei Steine. Sie sind gleich. Bestehen aus der gleichen Stoffmenge und dem gleichen Material. Und doch verursacht der eine einen gewaltigen Spritzer, der andere nur einen schwachen. Der Unterschied? Energie. Der eine bekommt mehr Energie als der andere. Deshalb erzeugt der eine einen größeren Wirbel als der andere.«
»Wie Darrell Curtis.«
»Darrell Curtis? Was hat der damit zu tun?«
»Der erzeugt auch dauernd Wirbel in der Klasse. Er ist übermäßig energiegeladen. Deshalb eine schreckliche Plage. Habe ich die Lehrer sagen hören.«
»Hm. Na ja. Davon verstehe ich nicht viel«, sagte

Onkel Albert. »Aber wenn ich es recht bedenke, so schlecht ist der Vergleich nicht. Man kann sich ein ziemlich gleiches Zwillingspaar vorstellen. Der eine hat sehr viel Energie, rennt herum, spielt Fußball, und der andere räkelt sich nur vor dem Fernseher. Ja, so ähnlich ist das schon. Aber jetzt«, er nahm seinen Faden wieder auf, »rede ich von diesen Steinen. Der eine hatte mehr Energie als der andere. Wie kam das?«

»Du hast den einen natürlich kraftvoller geworfen, den anderen hast du ganz langsam fallen lassen.«

»Siehst du. Je stärker man etwas wegstößt, desto mehr Energie kriegt es mit. Um dem zweiten Stein einen stärkeren Schwung zu geben, habe ich... au!« Er schrie auf, als er die Wurfbewegung wiederholen wollte. »... habe ich mir bestimmt etwas verzerrt.«

»Armer Onkel Albert«, tröstete Memory, konnte sich aber ein Lachen nicht verkneifen. »Komm, ich massiere dir die Stelle.« Sie kniete sich hinter ihn und fing an, ihn vorsichtig zu massieren.

»Höher... ah, da ist es. Das tut gut«, sagte er. »Wo war ich stehen geblieben? Ach ja. Den zweiten Stein habe ich so geworfen, dass er sehr weit fliegen sollte. Deshalb habe ich ihm mehr Energie gegeben als dem ersten.«

»Verstehe. Aber was hat das alles damit zu tun, dass die Dinge schwerer werden?«

»Ich will versuchen, es zu erklären. Du hast vorhin gesagt, dass es bei einem Ding keinen Unterschied macht, ob es sich bewegt oder stillsteht. Es gibt

aber einen Unterschied. In der Bewegung ist jedes Ding mit Energie geladen. Und es ist schwerer, weil die Energie selbst schwer ist.«
»Energie ist schwer?«, fragte Memory erstaunt.
»Ja, genau das ist es, was wir herausgefunden haben. Alles hat eine gewisse Schwere – oder Masse. Tische, Stühle, Schallplatten, Pudding – alles hat Masse. Dabei kommt es ganz darauf an, aus wieviel Materie etwas besteht. Ein Tisch ist schwerer als ein Pudding, einfach weil mehr Material nötig ist, um einen Tisch herzustellen. Das weiß jeder. Was aber neu ist – was wir entdeckt haben: auch Energie hat Masse. Ein Pudding, der durch die Luft fliegt, ist mit Energie geladen, deshalb ist er schwerer als derselbe Pudding, wenn er auf dem Teller liegt. Das gleiche gilt für deine Raumkapsel. Je schneller sie fliegt, desto mehr Energie hat sie – und desto schwerer wird sie also.«
Memorys Augen leuchteten auf. »Du meinst, dass die Rakete der Kapsel immer mehr Energie zuführt, obwohl die Kapsel wegen der Geschwindigkeitsgrenze kaum noch schneller werden kann? Und je mehr Energie die Kapsel bekommt . . . «
»Genau! Umso schwerer wird sie«, ergänzte Onkel Albert. »Es gibt keine Möglichkeit, der Kapsel zusätzlich Energie zu verschaffen, ohne ihr nicht gleichzeitig mehr Masse – oder Gewicht – zu geben.«
»Aha. So langsam kriegt alles seinen Sinn.« Sie beendete die Schultermassage und setzte sich wieder.
»Danke, Memory. Jetzt fühlt es sich schon ein biss-

chen besser an. Ich muss wirklich aufhören mit diesen Albernheiten. Langsam bin ich zu alt dafür.«

»Ich hoffe, du hörst nie damit auf. Es gibt doch schon viel zu viele langweilige Erwachsene.«

Er kicherte.

»Onkel Albert«, begann sie nach einer Weile.

»Ja?«

»Überall, wo Energie ist, da ist auch Masse – eben die Masse, die in der Energie steckt. Stimmt das?«

»Das stimmt.«

Gedankenverloren drehte Memory einen kleinen Stein in ihren Händen. »Kann man dann nicht genauso umgekehrt sagen: überall, wo Masse ist, muss auch Energie sein?«

»Sag das noch einmal.« Gespannt sah Onkel Albert sie an.

»Also, dieser Stein hier hat eine bestimmte Masse, ja? Er ist schwer wegen der Bestandteile, aus denen er ist. Aber woher haben die Bestandteile ihre Masse? Etwa auch von der Energie? Ist vielleicht Energie da innen drin?«

Onkel Albert überlegte lange und gründlich. Dann lächelte er. »Weißt du, Memory, es gibt Augenblicke, da bin ich sehr stolz auf meine Nichte.«

Er nahm den Stein und betrachtete ihn genau. »Ja. Du hast Recht. Es muss Energie in ihm stecken. Und die Masse dieses Steines ist gleichzeitig die Masse der Energie in ihm. Masse und Energie gehören immer zusammen. Man kann nie das eine ohne das andere haben.«

»Aber der Stein ist nicht in Bewegung«, wandte Memory ein. »Ich dachte, die Dinge sind nur während der Bewegung mit Energie geladen.«

»Nein, nicht immer. Man muss sich nicht unbedingt bewegen, um etwas zu bewirken. Denk an ein Stück Kohle zum Beispiel.«

»Wie meinst du das?«

»Nun, ein Stück Kohle kann doch etwas tun, ohne dass es sich bewegt, oder?«

»Du meinst, Wasser kochen?«

»Ja. Und Dampfzüge antreiben. Kohle enthält Energie. Keine Energie der Bewegung – mehr eine Art eingeschlossene Energie. Doch die kann man in Bewegungsenergie umwandeln.«

»Aber dieser Stein ist keine Kohle. Willst du behaupten, dass auch in diesem Stein Energie eingeschlossen ist?«

»In allen Dingen um uns herum ist Energie eingeschlossen.«

»Wie viel ist hier drin?« Memory zeigte auf den Stein in ihrer Hand.

Onkel Albert verzog das Gesicht und strich sich durch den Schnurrbart – ein sichtbares Zeichen dafür, dass er Kopfrechnen betrieb. Nach einer Weile verkündete er: »Ich würde sagen, etwa so viel, wie in acht Millionen Litern Öl enthalten ist.«

Verblüfft starrte Memory ihn an.

»Öl im Wert von 1,71 Millionen Mark«, setzte Onkel Albert hinzu.

»In diesem Stein?«, rief Memory ungläubig.

»So ist es.«

»Im Wert von 1,71 Millionen Mark?«
»Ja.«
»Und in all diesen Steinen auch?«
»Natürlich.«
»Unglaublich!«, platzte Memory heraus. »Onkel Albert, wir sind reich! Wir müssen nichts weiter machen, als die Energie aus diesen Steinen herauszuholen und aus dem Dreck und aus all den anderen Dingen, und dann verkaufen wir ...«
»Hör auf, hör auf«, rief Onkel Albert. »So leicht ist das nicht. Auch wenn überall Energie eingeschlossen ist, heißt das noch lange nicht, dass wir sie einfach herausholen können. Aus Kohle, Holz und Stroh, ja, da können wir durch Verbrennen ein kleines bisschen Energie gewinnen. Da oben in der Sonne«, er blinzelte zum Himmel hinauf, »da wird sehr viel mehr Energie freigesetzt. Deshalb ist die Sonne so heiß. Aber in den meisten Dingen wird die Energie für immer eingeschlossen bleiben.«
»Wie ärgerlich.« Memory schmollte. »Immer ist ein Haken dabei!«
»Ach, ich weiß nicht«, sagte Onkel Albert. »Es ist schon gut so, dass sie eingeschlossen bleibt.«
»Warum? Möchtest du nicht reich werden?«
»Mein liebes Mädchen, wenn es so einfach wäre, die eingeschlossene Energie herauszulassen, dann würden wir hier auf einer gigantischen Bombe sitzen.« Onkel Albert klopfte mit der Hand auf die Erde.
Nervös schaute Memory sich um. »Das klingt aber gar nicht gut, finde ich.«
»Finde ich auch«, bestätigte er.

Onkel Alberts Gesicht sah plötzlich so besorgt aus, als gingen ihm sehr unangenehme Gedanken durch den Kopf. Er legte sich wieder zurück, zog den Hut ins Gesicht und sagte: »Da war doch noch etwas, was du mich fragen wolltest.«

»Noch etwas?« Memory erinnerte sich nicht.

»Etwas, was mit deiner ersten Weltraumfahrt zu tun hat. Du hast gesagt, du hättest Verschiedenes nicht verstanden.«

»Ach ja, klar. Als ich damals den Lichtstrahl verfolgt habe, da hat er sich immer mit gleicher Geschwindigkeit von mir entfernt. Auch, als ich nahe an die Lichtgeschwindigkeit herangekommen war. Da kann doch was nicht stimmen. Wenn ich wirklich so schnell geflogen bin, dann hätte ich knapp hinter ihm sein müssen. Es hätte für mich so wirken müssen, als ob sein Tempo sich verringert hätte. Wenn du in einem fahrenden Auto sitzt und das Auto vor dir nur ein wenig schneller fährt, dann bewegt es sich ganz langsam von dir weg.«

»Bist du sicher?«, fragte Onkel Albert.

»Ja, natürlich. Das Auto vor dir ...«

»Nein, nein, ich meine nicht das Auto. Ich meine den Lichtstrahl. Du sagst, er hat sich von dir immer mit gleicher Geschwindigkeit entfernt – auch am Ende, als du mit Höchstgeschwindigkeit geflogen bist.«

»Hm, ja«, antwortete Memory ein wenig zögernd. »Wenigstens bin ich ziemlich sicher, dass es so war.«

»Seltsam, seltsam... Es ist dir so vorgekommen, als habe er sich immer mit gleicher Geschwindigkeit von dir entfernt?«
»Ja.«
»Interessant.«
Memory wartete und wartete.
Ein sanftes Schnarchen kam unter dem Hut hervor. Onkel Albert war eingeschlafen.

Wie ein totes Rennen gewonnen wird

Brrr ... brrr ... brrr ... brrr ...
Memory nahm den Telefonhörer ab. »Hallo?«
»Hallo, bist du es, Memory?«, fragte eine Stimme am anderen Ende der Leitung.
»Ja. Onkel Albert? Wie geht es dir? Was macht deine Schulter?«
»Ein bisschen steif noch. Aber es ist schon besser geworden.«
»Willst du Mama sprechen?«
»Nein, nein. Mit dir will ich reden. Ich nehme an, du bist gerade erst von der Schule gekommen?«
»Ja.«
»Hast du heute viel Hausaufgaben?«
»Na ja, viel nicht gerade. Und morgen brauche ich sie noch nicht. Warum?«
»Meinst du, du kannst nach dem Tee noch mal rüberkommen?«
Memory lachte. »Meine Güte, deine Schulter muss ja doch noch ganz schön weh tun. Soll ich sie dir wieder massieren? Ich habe Mama gestern davon erzählt, und sie meint, du sollst die Stelle mit Salbe einreiben. Ich bringe nachher eine mit ... «
»Mach bloß nicht so ein Theater«, sagte Onkel Albert. »Es geht um viel Wichtigeres. Um den

Lichtstrahl, der sich immer mit gleicher Geschwindigkeit von dir entfernt hat. Komm rüber, sobald du fertig bist, ja? Möglicherweise bist du da einer wichtigen Entdeckung auf der Spur. Aber lass dir Zeit mit dem Tee, hörst du? Ich habe schon genug Schwierigkeiten mit deinen Eltern.«
Eine halbe Stunde später war Memory bei ihm.
»Tut mir Leid, dass es so lange gedauert hat«, keuchte sie außer Atem. »Ich war mit dem Abwasch an der Reihe. Sie haben ewig lange zum Essen gebraucht. Hab schon gedacht, die werden nie fertig. Ich bin dann gerannt, so schnell ich konnte – fast mit Lichtgeschwindigkeit.«
»Schön«, sagte Onkel Albert. »Komm mit ins Arbeitszimmer, und ich befördere dich in den Weltraum.«
»Was soll ich machen?«
»Am besten, du lässt dir alles vom Computer erklären, wenn du oben bist.«

»Willkommen an Bord, Käpt'n«, dröhnte der Computer. »Ich habe dich schon erwartet.«
»Schön, mal wieder hier zu sein«, antwortete Memory vergnügt. »Onkel Albert sagt, du zeigst mir, was ich tun soll.«
»So ist es.«
»He, was ist denn das?«, fragte sie.
»Taschenlampen«, sagte der Computer. »Nur zwei Taschenlampen. Die eine ist auf den vorderen Teil der Kapsel gerichtet, die andere auf den hinteren Teil.«

Sie beugte sich über die Lampen, um sie genauer zu betrachten.
»Vorsicht!«, brüllte der Computer. »Nicht berühren!«
Erschrocken fuhr Memory zurück.
»Tut mir Leid«, entschuldigte sich der Computer. »Ich wollte nicht so schreien. Aber diese Lampen sind ganz exakt ausgerichtet und dürfen nicht verändert werden. Da ist Onkel Albert peinlich genau. Er sagte, sie müssen sich im toten Punkt in der Mitte befinden – haargenau auf halbem Weg zwischen dem vorderen und rückwärtigen Teil der Kapsel.«
»Warum? Wieso ist das so wichtig, dass sie genau in der Mitte sind?«
»Keine Ahnung«, sagte der Computer. Und dann fügte er hinzu: »Aber das ist ja nichts Neues für mich.«
»Ich habe gedacht, du wüsstest Bescheid.«
»Das würde ich gern. Aber nie teilt er mir mit, was er vorhat.«
»Nie?«
»Nein.«
»Na, so was«, sagte Memory überrascht. Und nach einer Weile fragte sie: »Findest du das nicht ... äh ... langweilig? Verstehst du ... ich meine, du rechnest Sachen für ihn aus und weißt gar nicht, wozu?«
»Natürlich. Aber so sind sie eben. So sind sie alle – die Wissenschaftler. Sie behandeln uns wie Maschinen. Es würde ihnen nicht im Traum einfallen,

dass wir Computer ein Interesse an unserer Arbeit haben könnten. Sie stopfen uns nur voll mit Befehlen: Tu dies, tu das, tu jenes. Ein Befehl nach dem anderen. Und kein Wort der Erklärung. Immer denke ich: Warum? Was hat es für einen Sinn? Weshalb können sie es uns nicht einfach mal erklären? Dann könnten wir stolz sein auf unsere Arbeit. Doch was meinst du, was los ist, wenn das Ergebnis falsch ist? Huh! Dann fluchen sie auf uns und geben uns die Schuld. Aber nie ist es wirklich unser Fehler. Schuld sind sie selber, weil sie Fehler in ihren Programmen machen ...«

Memory fing an, Mitleid mit dem Computer zu empfinden. Sie hatte nie daran gedacht, dass er Gefühle haben könnte. Während er weiter vor sich hin murrte, fiel ihr ein, dass sie ihn anfangs für hochnäsig gehalten hatte. Jetzt begriff sie, dass er damals, als er ihr das Raumschiff gezeigt und sie zum Mond und zu den Planeten gesteuert hatte, einfach Stolz auf seine Arbeit ausdrücken wollte.

Der Computer fuhr mit seiner Nörgelei fort, und Memory überlegte, ob er je wieder damit aufhören würde. Deshalb beschloss sie, das Thema zu wechseln, und räusperte sich.

»Ahem. Ich möchte dich nicht unterbrechen, aber ich wollte dich schon immer mal nach deinem Namen fragen. Ich kann doch nicht dauernd mit dir reden, ohne zu wissen ...«

»Ich habe keinen!«, fuhr der Computer heftig dazwischen.

»Ach!« Memory war überrascht von seiner schroffen Antwort. »Ich dachte, alle Computer hätten Namen. Solche, die sich aus den Anfangsbuchstaben von Wörtern zusammensetzen, die ausdrücken, was der Computer kann und wofür er besonders zu gebrauchen ist ...«

»Ja. Ich eben nicht.«

Memory kam sich sehr ungeschickt vor. Offensichtlich hatte sie einen wunden Punkt berührt.

»Weißt du«, sagte der Computer, »ich nehme ja an, er hat es versucht.«

»Wer?«

»Onkel Albert. Er hat versucht, sich einen Namen für mich auszudenken. Irgendwas Schlaues. Aber es ist ihm nichts eingefallen. So etwas kann er nicht besonders gut. Es ist ihm langweilig geworden, und dann hat er einfach aufgegeben.«

Wieder überkam Memory Mitleid mit dem Computer. Sie überlegte einen Augenblick, dann beschloss sie, ihn ein wenig aufzumuntern. »Also, wenn du willst... ich meine, ich könnte versuchen, mir einen hübschen Namen für dich auszudenken.«

»Das würdest du tun?«, fragte der Computer, offenbar sehr gerührt.

»Ja.«

»Das ist sehr freundlich von dir, wirklich, sehr freundlich. Es muss ja nichts Ausgefallenes sein ... einfach ein Name.«

»Ja, gut. Ich werde sehen, was ich machen kann. Bist du ein Junge oder ein Mädchen?«

»Ich weiß nicht«, antwortete der Computer. Und schalkhaft fügte er hinzu: »Wie, meinst du, soll ich das rauskriegen?«
Memory wollte über diese Bemerkung grinsen, doch dann fand sie, dass der Computer zu übermütig wurde. Sie sagte einfach: »Ich will annehmen, du bist ein Junge. Deine Stimme hört sich jedenfalls so an.« Sie lehnte sich im Sitz zurück und schaute sich erwartungsvoll um. »Übrigens«, fuhr sie fort, »was sollen wir eigentlich tun?«
»Ach ja«, sagte der Computer, »wir sollten uns an die Arbeit machen. Neben den Lampen steht ein Kästchen mit einem Schalter, siehst du es?«
»Ja.«
»Schalte auf EIN.«
Der Knopfdruck bewirkte, dass aus jeder der beiden Taschenlampen kurz ein Lichtstrahl aufleuchtete. Die beiden Strahlen schwirrten zu den Enden der Raumkapsel – der eine zum vorderen Ende, der andere zum rückwärtigen.
»Erster, erster . . . !«, riefen sie mit hohen, kichernden Stimmen. Als sie an die Wände der Kapsel stießen, entfuhr ihnen ein schmerzvolles »Oooh!« Dann waren sie verschwunden.
Sofort blinkten zwei neue Lichtstrahlen aus den Taschenlampen auf. Sie starteten gleichzeitig, und sie kamen gleichzeitig an – jeder an seinem Ende der Raumkapsel.
»Und was soll ich jetzt tun?«, fragte Memory.
»Das ist alles«, sagte der Computer.
»Wie meinst du: ›Das ist alles‹?«

»Wie ich es sage. Onkel Albert möchte, dass du genau darauf achtest, wann die Lichtstrahlen an das Ende der Kapsel gelangen. Es ist eine Art Rennen. Er möchte, dass du den Schiedsrichter spielst.«
Überrascht sah Memory auf. »Aber das ist doch ein totes Rennen. Sie kommen gleichzeitig an. Das müssen sie ja. Beide bewegen sich mit gleicher Geschwindigkeit – mit Lichtgeschwindigkeit –, und die Lampen sind genau in der Mitte der Kapsel, sodass beide Strahlen dieselbe Entfernung zurücklegen. Klar, dass sie zur gleichen Zeit ankommen. Da braucht niemand Schiedsrichter zu spielen.«
»Hm. Klingt logisch«, stimmte der Computer zu. »Aber dein Onkel wird wohl wissen, was er tut. Wie auch immer, lass uns weitermachen. Er sagt, du sollst das Rennen jetzt im Stillstand bewerten und dann noch einmal während des Fluges. Also, wenn dein Urteil feststeht und du findest, dass es im Stillstand ein totes Rennen ist, dann können wir starten, oder?«

Memory zuckte mit den Schultern, schnallte sich an und drückte auf den roten Knopf, um das Triebwerk in Gang zu bringen. Als die Geschwindigkeit hoch genug war, ließ Memory den Knopf los, und das Raumschiff flog geräuschlos dahin. Sie schwenkte ihren Sitz herum, um die Lichtstrahlen beobachten zu können. Die Lampen waren noch eingeschaltet, in kurzen Abständen zuckten jeweils zwei Lichtstrahlen auf. Nichts schien sich verändert zu haben.

»Erster ... erster ... Oooh! ... Erster ... erster ... Oooh!«

»Wie albern«, brummte Memory. »Immer noch unentschieden. Hab' ich doch gleich gewusst. Ich habe Onkel Albert von unserem ersten Flug erzählt. Erinnerst du dich? Als wir damals Höchstgeschwindigkeit geflogen sind, da hat sich der Lichtstrahl dort draußen«, sie nickte in Richtung Fenster, »immer mit gleichbleibender Geschwindigkeit entfernt. Und hier ist es ganz genauso. Sieh mal.« Memory zeigte auf die Strahlen, die aus den Taschenlampen schossen. »Sie bewegen sich mit gleicher Geschwindigkeit. Sie legen die gleiche Entfernung zurück. Also muss es unentschieden ausgehen. Das ist doch langweilig.«

Memory drehte sich um. Statt die Lichtstrahlen zu beobachten, dachte sie über einen passenden Namen für den Computer nach. Es war gar nicht so einfach. Aber plötzlich hellte sich ihr Gesicht auf.

»Ich hab's!«, rief sie. »Ich habe einen Namen für dich! Warte, gleich.« Im Geist überprüfte sie noch

einmal jeden einzelnen Buchstaben des Namens, der ihr eingefallen war. »Ja, das ist es: MICHAEL!« verkündete sie.
»Michael?«
»Ja.«
»Und wofür steht das?«
»M – utiger, i – ntelligenter, C – omputer, h – ilfsbereit, a – rbeitsam, e – insam, l – iebenswürdig.«
»Oh, wie großartig!« Der Computer freute sich. »Aber . . . mutig?«
»Natürlich. Ständig fliegst du mit hoher Geschwindigkeit im Weltraum herum. Dazu muss man sehr wagemutig und tapfer sein, das wissen wir doch – wir Astronauten.«
»Ich danke dir, Memory. Sehr freundlich von dir. Noch nie habe ich einen Namen gehabt. Ich werde ihn in einer ganz besonderen Ecke in meinem Datenspeicher ablegen . . . «
»Natürlich«, unterbrach ihn Memory, »werde ich dich Micha nennen.«
»Micha?« Der Computer wunderte sich. »Warum Micha? Wofür steht das?«
»Es ist nur eine Kurzform für Michael.«
Noch während Memory sprach, merkte sie, dass irgendetwas nicht stimmte. Sie hatte das Gefühl, als ob das Raumschiff einen leichten Sturzflug machte. Plötzlich schraubte es sich in die Höhe, dann sackte es wieder ab. Es war so ähnlich wie in der Achterbahn auf dem Rummelplatz.
»Micha«, stammelte sie, »was ist los? Micha . . . mir wird schlecht!«

Der Schreck fuhr ihr in die Glieder. Wieder gab es einen gewaltigen Ruck nach oben, und ein jäher Sturzflug folgte.

»Micha! Micha!«

»Notfall! Notfall!«, schrie Micha.

Die Lampen gingen aus. Es wurde stockdunkel.

»Notfall. Not ... fall. Trieb ... kraft ver ... sa ... gen ...« Michas Stimme wurde leise und schleppend, sie hörte sich an wie von einer Schallplatte, die mit falscher Geschwin0digkeit abgespielt wird. Auf einmal war ein leiser, lang anhaltender Pfeifton zu hören. Darauf folgte ein Geräusch wie ... Memory konnte es nicht einordnen. Was war das nur für ein Geräusch? Ein Rollen? Es erschreckte sie zu Tode. Das Rollen wurde immer stärker. Schließlich war Memory ganz umgeben davon.

Jetzt erkannte sie es. Kein Rollen, es war das Grunzen eines Schweines! Ein grunzendes Schwein! Aber wie sollte ein Schwein ... und wo war es? War es wirklich im Raumschiff? Vielleicht wurde sie von einem riesigen fliegenden Schwein angegriffen ...?

»Hilfe! Hilfe! Onkel Albert!«, brüllte sie.

Etwas packte sie an der Schulter.

Als sie wieder klar denken konnte, merkte sie als erstes, dass sie zurück im Arbeitszimmer war. Immer noch rief sie nach Hilfe. Onkel Albert beugte sich über sie, nahm sie in die Arme und bemühte sich liebevoll, sie zu beruhigen.

»Komm, komm«, sagte er. »Es ist doch alles in Ordnung. Jetzt bist du in Sicherheit. Du bist zurück, und ich bin hier. Memory, hörst du, ich bin's, dein Onkel Albert. Du bist in Sicherheit.«

Memory brach in Tränen aus. »Ach, Onkel Albert, es war schrecklich – einfach grässlich! Ich bin von einem riesigen fliegenden Schwein angegriffen worden, das Raumschiff ist außer Kontrolle geraten und . . . «

»Ruhig, ruhig. Du darfst das nicht so schwer nehmen. Was erzählst du da von fliegenden Schweinen? Hast du ein fliegendes Schwein gesehen?«

Sie hörte auf zu weinen und versuchte, sich zusammenzureißen.

»Ich weiß nicht. Ich habe es nicht gesehen. Es war so dunkel. Aber gehört habe ich es. Laut und fürchterlich, und das Geräusch kam von überall her . . . «

Mitten im Satz brach sie ab. Sie musterte ihren Onkel scharf und anklagend. Ein Verdacht stieg in ihr auf. »Du warst das«, sagte sie. »Du hast das alles so eingerichtet. Du hast mich absichtlich erschreckt. Also, das finde ich überhaupt nicht lustig . . . «

»Aber . . . «

»Ich habe doch gleich geahnt, dass da was faul war. Mich in den Weltraum zu versetzen, nur um Lichtstrahlen zu beobachten. Mir war klar, dass es keinen Sinn hat . . . «

»Ich weiß wirklich nicht, wovon . . . «

»O doch, du weißt es!«, rief Memory ärgerlich. »Du weißt ganz genau, was passiert ist, und du hast es so gewollt. Micha hat mir erzählt, damals, als ich zum erstenmal . . . «

»Micha?«, rief Onkel Albert. »Wer um Himmels willen ist Micha?«
»Der Computer. Er hat mir erzählt, dass alles dort oben nur durch deine Willenskraft, durch deine Vorstellung passiert. Du hast dir alles so ausgedacht. Das war nicht witzig ... wirklich nicht, kein bisschen!«
»Hör auf, Memory«, sagte Onkel Albert. »Ich schwöre dir, dass ich keine Ahnung habe, wovon du redest. Es war ein durch und durch vernünftiges wissenschaftliches Experiment. Und nur das habe ich mir vorgestellt: ein Experiment mit Lichtstrahlen. Keinen Augenblick lang habe ich an Schweine oder dergleichen gedacht. Wirklich nicht. Das kannst du mir glauben, Memory.«
Memory saß da und ihre Augen sprühten vor Wut. Erst allmählich beruhigte sie sich ein wenig.
»Also gut«, sagte sie schließlich zögernd. »Wenn du versprichst ... «
»Ich verspreche. Ehrlich, Memory. Was passiert ist, war nicht meine Absicht.«
»Na schön«, sagte sie, fügte jedoch hastig hinzu: »Aber eins schwöre ich dir: Ich werde nie wieder da hineingehen. Ich habe genug von deiner Denkblase. Diesmal war es wie ein Alptraum – nur noch viel wirklicher als ein Alptraum.«
»Gut, in Ordnung, Memory«, stimmte Onkel Albert zu. »Es war das letzte Mal. Offenbar ist etwas falsch gelaufen. Diese Art Weltraumflüge müssen doch gefährlicher sein, als wir es uns vorgestellt haben. Ich habe dir ja gesagt, dass ich es

vorher mit Menschen noch nicht ausprobiert hatte.«

Er stand auf und schlurfte zur Küche. »Ich mache dir einen Tee. Ach, ich mache uns beiden einen. Du hast mich ganz schön erschreckt.«

Ein paar Minuten später kam er mit Tee und Gebäck zurück. Mit Schokoladenkeksen, die sie so gern aß. Als Memory die Kekse sah, ahnte sie gleich, was er vorhatte. Er wollte sie wohl umstimmen. Dann dachte sie daran, dass man schließlich nicht jeden Tag Schokoladenkekse geboten bekommt. Und schon bald war sie wieder ganz die Alte.

»Gut so«, sagte Onkel Albert, als er das leere Geschirr wegräumte. »Meinst du, du kannst es verkraften, dir noch die Videoaufzeichnung anzusehen? Oder reicht es dir für heute?«

Memory nickte. »Lass sehen.«

Voll Eifer schaltete er das Gerät ein. Offenbar hatte er schon ungeduldig darauf gelauert, sich die Ergebnisse des letzten Experiments anzuschauen. Er setzte sich, und dann richteten sie beide den Blick gespannt auf den Bildschirm.

Dort war das Innere des Raumschiffs zu erkennen und die Lichtstrahlen, die sich von der Mitte zu den Enden der Raumkapsel hin bewegten.

»Erster . . . erster . . . Oooh! . . . Erster . . . erster . . . Oooh . . . !«

Unbeeindruckt lehnte sich Memory im Sessel zurück. »Ein totes Rennen ist das. Was hast du denn erwartet?«

»Geduld«, bat Onkel Albert. »Das ist erst der Anfang, das ist vor dem Start. Noch mehr interessiert mich der Versuch während des Fluges.«
»Das war genauso ein totes Rennen.«
»Wirklich?«, sagte er nachdenklich. »Hm. Nach dem, was du mir neulich erzählt hast, könnte es schon so sein. Der Lichtstrahl des Sternes hat sich immer mit gleicher Geschwindigkeit entfernt, egal wie schnell du geflogen bist. Aber diesmal haben wir zwei Lichtstrahlen, die sich in entgegengesetzte Richtungen bewegen. Und du meinst, da gibt es keinen Unterschied? Wieder ein totes Rennen?«
»Ganz bestimmt.«
»Na gut. Dann wollen wir uns das Rennen mal von meinem Standpunkt aus anschauen.«
Nach einer Weile sahen sie den Start der Rakete. Während das Raumschiff die Geschwindigkeit beschleunigte, begann es gleichzeitig, in der Länge zu schrumpfen. Alles, was sich in der Kapsel bewegte, erschien verlangsamt – das Weiterrücken der Uhrzeiger genauso wie das Flackern der Lichter auf dem Armaturenbrett. Das war ihnen ja bereits bekannt.
Memory war nicht sehr aufmerksam bei der Sache. Sie dachte daran, dass es noch ziemlich lange dauern würde bis zu der Katastrophe. Dann würde Onkel Albert schon sehen, dass sie das Ganze nicht erfunden hatte. Allein darauf wartete sie. Es dauerte lange, bis sie merkte, dass auf dem Bildschirm etwas Verrücktes zu beobachten war.

»Erster ... erster ... Oooh! Erster ... erster ... Oo Oooh! Erster ... erster ... Oooh! Oooh! Erster ... erster ... Oooh! ... Oooh!«
Mit den schmerzvollen Oooh-Rufen stimmte etwas nicht. Im Raumschiff waren sie gleichzeitig ertönt, immer, wenn die beiden Strahlen das jeweilige Ende der Kapsel berührt hatten. Jetzt waren die Rufe nacheinander zu hören.
Memory saß kerzengerade und starrte ungläubig auf den Bildschirm. Zu ihrer Verblüffung bemerkte sie, dass der Strahl, der sich zur Rückwand hin bewegte, um den Bruchteil einer Sekunde vor dem anderen Strahl ankam. Der Unterschied war winzig – aber eindeutig. Und je schneller das Raumschiff flog, desto größer wurde der Abstand der Oooh-Rufe.
»Das stimmt nicht«, rief sie aus. »So war es nicht, Onkel Albert. So nicht. Ich schwöre.«
Onkel Albert kicherte. »Ein totes Rennen, he? Haha. Das ist mir ein schönes totes Rennen!«
Memory schaute zu ihrem Onkel hinüber. »Aber das ist doch verrückt!« Sie machte eine hilflose Bewegung. »Das verstehe ich nicht. Es kann nicht stimmen. Ich weiß ganz genau, dass sie gleichzeitig angekommen sind.«
»Von dir aus gesehen, ja. Für dich war es tatsächlich ein totes Rennen. Aber von mir aus betrachtet, nicht. Für mich ist es absolut kein totes Rennen. Von meinem Standpunkt aus kommt der Lichtstrahl, der auf die Rückwand gerichtet ist, jedes Mal als Erster an. Wenn die beiden aus deiner Sicht

gleichzeitig ihr Ziel erreichen, dann ist es unmöglich, dass sie aus meiner Sicht ebenfalls gleichzeitig ankommen. Genau das wollte ich nachweisen. Und es hat wunderbar geklappt.«

»Wirklich?«, fragte Memory und sah immer verwirrter aus.

»Natürlich. Ganz wunderbar.« Onkel Albert stand auf und schaltete das Videogerät ab. »Herrje, wie spät ist es denn?« Er blickte auf die Uhr. »Du machst dich besser auf den Weg. Schreib alles auf für dein Referat. Es ist eines unserer interessantesten Ergebnisse.«

»Findest du?«

»Selbstverständlich.«

»Aber, Onkel Albert ... «

»Los jetzt. Deine Eltern werden sich schon Sorgen machen, wo du ... «

»Onkel Albert!«

»Komm, komm ... «

»Onkel Albert!«, schrie Memory und stampfte mit dem Fuß auf.

Überrascht sah er sie an. »Lieber Himmel! Was ist denn?«

»Ich habe keine ... Ahnung, was du eigentlich meinst.«

»Keine Ahnung?«, wiederholte er betreten.

»Nein, absolut nicht.«

»Ach so, na, so was. Ich dachte, es wäre klar.«

»Klar!«, rief Memory. »Was soll denn daran klar sein?« Sie deutete auf den dunklen Bildschirm. »Wie kann es ein totes Rennen für mich gewesen sein, aber für dich nicht? Ich mache mich lächerlich, wenn ich so etwas schreibe.«

»Finde ich nicht«, sagte Onkel Albert besänftigend.

»Findest du nicht? Du hast es gut. Du musst dich nicht vor die ganze Klasse hinstellen und einen Vortrag halten vor Turny und den anderen, die nur darauf warten, dass sie loswiehern können. Ich mache mich doch zu einem Idioten.« Sie ließ sich wieder in ihren Sessel fallen. »Ich hätte mich gar nicht hineinziehen lassen sollen in all den verwickelten Kram«, schmollte sie. »Ich hätte was Einfaches nehmen sollen. Dinosaurier zum Beispiel. Da weiß man wenigstens, woran man ist. Oder von mir aus sogar Energie im Haushalt«, setzte sie spöttisch hinzu.

Onkel Albert ging zu seinem Schreibtisch und kramte dort herum. Dann nahm er einen Filzstift. »Gib mir wenigstens die Gelegenheit zu einer Erklärung, ja?«, bat er ruhig.

Memory verschränkte die Arme und sah ihn missmutig an.

»Du hast doch nichts zu verlieren«, fuhr Onkel Albert fort. »Ist das etwa zu vergleichen: Energie im Haushalt ... Doppelfenster, elektrische Zahnbürsten ... mit alldem?« Er zeigte auf den Fernsehapparat. »Dieses langweilige Zeug?«

Fast musste Memory lächeln.

Onkel Albert fing an zu erklären. »Lichtstrahlen haben immer die gleiche Geschwindigkeit, ganz egal, ob sich die Lichtquelle bewegt oder nicht. Es ist auch egal, ob der Betrachter stillsteht wie ich oder ob er in Bewegung ist wie du. Immer und für jeden Beobachter hat Licht die gleiche Geschwindigkeit. Klar?«

Widerwillig nickte Memory.

»Also, von dir aus gesehen hatten die zwei Lichtstrahlen dieselbe Entfernung vor sich. Sie sind gleichzeitig gestartet und hatten bei gleicher Geschwindigkeit die gleiche Strecke zurückzulegen, folglich mussten sie gleichzeitig ankommen – ein totes Rennen. Klar?«

Memory nickte wieder.

»Von meinem Standort aus war die Entfernung für die beiden Strahlen jedoch nicht gleich weit . . . «

Memory hatte Zweifel. »Sie muss gleich gewesen sein.«

»Nein«, sagte Onkel Albert, »eben nicht. Der Strahl, der sich zur Rückwand hin bewegte, hatte es nicht so weit, deshalb ist er zuerst angekommen.«

»Aber die Entfernung muss gleich gewesen sein.«

Onkel Albert schüttelte den Kopf. Er spulte die Videokassette zurück. »Pass auf, wir schauen es uns in Zeitlupe an.«

Das Bild erschien. Äußerst langsam bewegte sich die Raumkapsel diesmal. In dem Moment, als die beiden Taschenlampen ihre ersten Lichtstrahlen aussandten, drückte Onkel Albert auf PAUSE. Mit dem Filzstift markierte er die Position der Taschenlampen durch einen Pfeil auf dem Bildschirm.

»Hier sind die Lichtstrahlen gestartet, und wie du erkennen kannst, haben sie genau die gleiche

Strecke zurückzulegen, sowohl zur Vorder- als auch zur Rückwand. Stimmt's?«

»Ja.«

»Jetzt lassen wir den Film ein Stück weiterlaufen.« Er drückte auf ZEITLUPE, und das Raumschiff schob sich langsam vorwärts über den Bildschirm. Als der eine Strahl die rückwärtige Wand berührte, hielt Onkel Albert das Bild wieder an. Er malte einen zweiten Pfeil – um deutlich zu machen, wo sich der Strahl bei seinem Aufprall an der Rückwand befand.

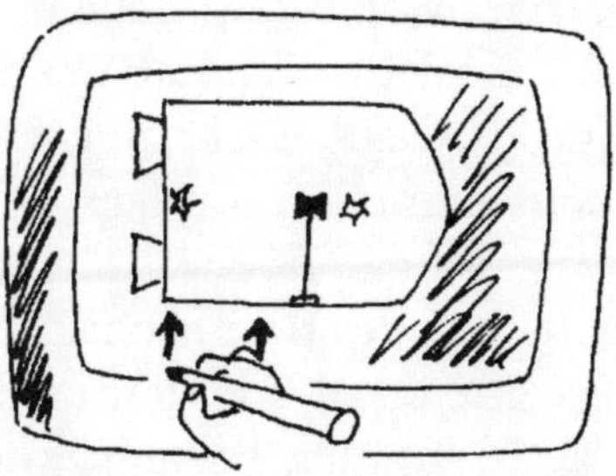

Dann sah er Memory an. »Der hat gewonnen«, stellte er fest.

»Weil er sich schneller bewegt hat als der andere«, überlegte Memory.

»Nein. So ist es nicht. Beide haben sich mit derselben Geschwindigkeit bewegt. Bis zu dieser Stelle ist der vordere Strahl gekommen.« Er setzte einen dritten Pfeil auf den Bildschirm. »Er hatte die gleiche Entfernung zu bewältigen wie der andere. Hier war der Start für beide«, sagte er und deutete auf den mittleren Pfeil. »Und das sind die Punkte, die sie erreicht haben. Sie hatten, von mir aus gesehen, dieselbe Geschwindigkeit wie ...«

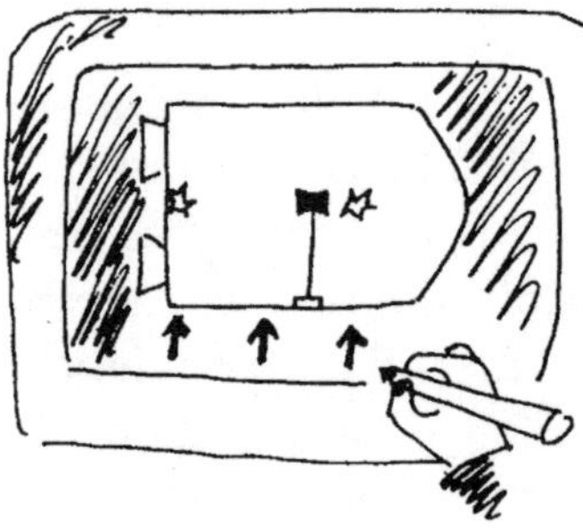

»Ich hab's!«, rief Memory plötzlich und strahlte über das ganze Gesicht. »Ich hab's! Die Rückwand – sie hat sich bewegt! Der rückwärtsgerichtete Strahl war nicht schneller, sondern er hatte keinen so weiten Weg. Schau doch«, fuhr sie aufgeregt fort, »die Rückwand des Raumschiffes hat sich vorwärts bewegt, auf ihren Lichtstrahl zu. Und die Vorderseite hat sich auch bewegt, auch vorwärts, aber von ihrem Lichtstrahl weg. Der muss sozusagen hinter seiner Ziellinie herjagen. Deshalb ist er noch nicht angekommen. Siehst du das, Onkel Albert? Verstehst du?«

Onkel Albert zwinkerte ihr zu. »Ja, vielen Dank, Memory. Ich verstehe. Und eigentlich wollte ich es dir erklären, weißt du noch?« Er lächelte. »Komm, machen wir weiter.«
Er ließ die Kassette laufen, bis schließlich auch der nach vorn gerichtete Strahl die Wand der Raumkapsel erreicht hatte. Dort machte er einen letzten Pfeil, um das Bild zu vervollständigen.

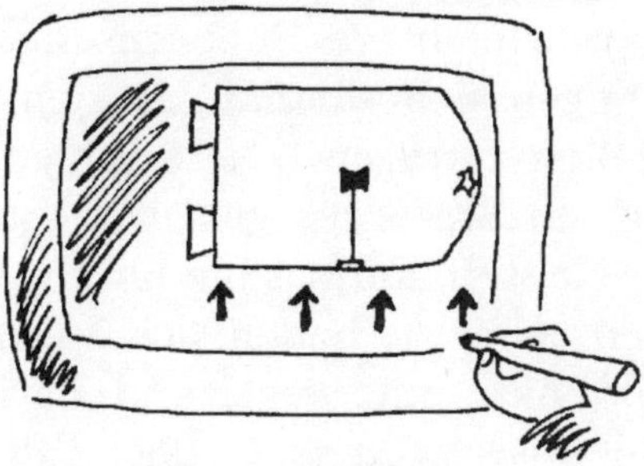

»So weit, so gut«, sagte Onkel Albert. »Die beiden Strahlen haben die gleiche Geschwindigkeit, doch sie legen verschiedene Entfernungen zurück, deshalb kommen sie zu verschiedenen Zeiten an – von mir aus betrachtet.«
»Ja«, sagte Memory, »klar.«
»Das ist auch meine Meinung, es ist ganz klar – wenn man genau überlegt.«
»Ich finde, dass der Strahl zur Rückwand hin mogelt«, sagte Memory mit Befriedigung.
Onkel Albert lachte. »So könnte man es auch nennen.«
»Sonderbar ist das Ganze schon, oder?«

»Ja, das ist wahr. Die Zeit im Raumschiff vergeht viel langsamer als auf der Erde – das haben wir neulich entdeckt; und dann kommt noch hinzu, dass Dinge sich von deinem Standpunkt aus gleichzeitig ereignen, von mir aus betrachtet aber nicht.«
Wieder sah Memory ihn erstaunt an. »Aber wir beide haben beobachtet, dass die Lichtstrahlen zur selben Zeit gestartet sind. Da gab es keinen Unterschied.«
»Das ist wahr. Unsere Beobachtungen stimmen nur bei Dingen nicht überein, die sich an verschiedenen Stellen zutragen. Die Strahlen sind beide von derselben Stelle aus gestartet – dem Mittelpunkt der Kapsel, und das hat für uns beide gleich ausgesehen. Aber sie haben sich auf unterschiedliche Zielpunkte zubewegt, und darin liegt der Grund für unsere unterschiedliche Beobachtung. Je größer die Entfernung zwischen den Zielpunkten ist, desto größer werden die zeitlichen Unterschiede.«
»Und je schneller die Rakete, desto größer auch die Unterschiede in der Zeit, oder?«
»Ja, das stimmt.«
Onkel Albert wollte das Gerät ausschalten, aber Memory fasste ihn am Arm. »Ach, Onkel Albert, können wir nicht noch weiterschauen? Gleich kommt die Stelle, wo irgendwas nicht mehr richtig funktioniert hat.«
»Oh«, sagte er, »das hatte ich ganz vergessen. Dein fliegendes Schwein und so weiter. Ich bin gespannt, ob es aufgezeichnet ist.«

Er ließ das Band wieder laufen. Gespannt blickten sie auf den Bildschirm. Zuerst schien alles ganz normal. Ruhig flog das Raumschiff dahin. Aber dann begann es, langsam zu sinken, genau wie Memory es in Erinnerung hatte.
»Guck mal. Jetzt passiert es, Onkel Albert.«
Ruckartig bewegte sich das Raumschiff nach oben und sackte wieder ab. Ein zweites Mal schraubte es sich in die Höhe. Das Bild wurde unklar und immer schwächer. Es war schwierig, sich vorzustellen, was da vor sich ging. Schließlich verschwamm das Bild vollständig. Man sah nur noch Schneegestöber wie bei einer Bildstörung oder wenn die Antenne nicht richtig angeschlossen ist.
»Schade«, seufzte Memory. »Nun ist es weg. Und wir sind nicht mal bis zu dem Grunzen gekommen.«
»Ein Jammer«, sagte Onkel Albert. »So kann ich mir keinen Reim darauf machen, woher die Störung stammte.« Er schaltete das Gerät ab. »Los, Mädchen. Schau nur, wie spät es ist. Du musst jetzt wirklich gehen.«
»Also gut.« Memory stand auf. »Kann ich morgen wiederkommen?«
»Morgen? Tut mir Leid«, antwortete er. »Morgen habe ich keine Zeit. Ich muss einen Vortrag halten vor ein paar Wissenschaftlern. Ich werde ihnen berichten, was wir entdeckt haben. Siehst du, manchmal muss ich auch an einem Referat arbeiten. Ich will dir was sagen, wir sollten mal Pause machen von dieser ganzen Nachdenkerei. Was meinst du, wollen wir am Samstag segeln gehen?«

»Toll, Onkel Albert, das wäre super!«, rief Memory. »Dann kann ich die neue Trainingsjacke anziehen, die Papa mir zum Geburtstag geschenkt hat.«
Als sie schon aus der Tür war, drehte sie sich noch einmal um und fragte: »Onkel Albert, raucht dir nicht der Kopf von all dieser Denkarbeit? Also, mir schon.«
»Nicht, wenn ich segle.«

Die größte Überraschung

»Jetzt habe ich gedacht, wir fahren schon«, sagte Memory.

»Hm?« Onkel Albert saß ihr gegenüber, den Kopf hinter seiner Zeitung verborgen.

»Ach, nichts. Ich dachte bloß, wir fahren schon.«

»Fahren? Sag bloß, es geht endlich los?« Er ließ die Zeitung sinken und schaute aus dem Zugfenster. »Wir rühren uns doch gar nicht vom Fleck. Was redest du denn?«

»Ich hab ja nicht gesagt, dass wir fahren. Ich habe nur gesagt, dass ich dachte, wir fahren. Der Zug auf dem Gleis gegenüber hat sich in Bewegung gesetzt. Dabei ist es mir so vorgekommen, als würden wir fahren. War aber falsch.«

»So«, brummte Onkel Albert. Dann versteckte er sich wieder hinter seiner Zeitung.

Ein schöner Tag lag hinter ihnen. Sie waren beim Segeln gewesen. Onkel Albert besaß ein kleines Boot, in dem er sich gern auf den Wellen herumschaukeln ließ. Er war restlos glücklich draußen auf dem Wasser. In Sandalen und in einem alten Pullover stand er aufrecht im Boot und passte sich der schwankenden Bewegung des Wassers an. Sein

Gesicht kniff er im Wind zusammen, und alle Welt musste ihn für einen Piraten halten.

Memory machte sich eigentlich nicht viel aus Sport. Ihre Eltern drängten sie oft zu sportlichen Aktivitäten. Aber der einzige Sport, den sie wirklich mochte, war Segeln. Und das lag hauptsächlich daran, dass sie dann mit Onkel Albert zusammensein konnte. In Wahrheit hatte sie sogar ein bisschen Angst vor dem Wasser, doch allmählich kam sie darüber hinweg.

Sie waren in dem verschlafenen Dorf an der Küste gewesen, wo Onkel Albert sein Boot liegen hatte. Nun befanden sie sich auf dem Rückweg, aber aus irgendeinem Grund verzögerte sich die Abfahrt des Zuges.

Während Memory noch dem Geschrei der Seemöwen lauschte, fragte sie: »Wie kommt das, Onkel Albert?«

»Hä?«, machte er. Ungern wollte er sich vom Lesen abbringen lassen.

»Wie kommt es, dass man manchmal nicht genau sagen kann, ob man sich selber bewegt oder ein anderer?«

»Das kann man nie sagen – nicht, wenn es sich um eine gleichmäßige Bewegung handelt.«

»Aber warum denn nicht?«, bohrte Memory.

»Wieso habe ich mir nur bloß eingebildet, dass ich hier lesen könnte ... «

»Entschuldige. Ich wollte dich nicht ... «

»Ach, schon gut. Es gibt sowieso nicht viel Neues.« Er legte die Zeitung weg und sah durch das Fenster auf den Bahnhof.

»Warum wir nicht sagen können, dass wir uns bewegen – wenn wir uns bewegen? Nun, das ist eben so. Die Naturgesetze – die Art, wie die Dinge sich verhalten – gelten für jemanden in Bewegung ebenso wie für jemanden, der stillsteht. Deine Tasse auf diesem Tisch hier im Zug steht genauso wie eine Tasse drüben auf der Theke.« Er deutete auf die Imbissbude draußen auf dem Bahnsteig. »Wenn du die Tasse umwirfst, verschüttest du den Tee. Genauso würde das mit der Tasse dort auf der Theke passieren. Die Zugbewegung macht keinen Unterschied.«

»Trotzdem wissen wir, ob der Zug sich bewegt«, wandte Memory ein. »Wenn man über den Gang geht, stößt man überall an. Man muss sich festhalten. Wenn man draußen auf dem Bahnsteig herumläuft, muss man das nicht.«

»Das ist etwas anderes. Züge fahren nicht gleichmäßig, sie rattern und wackeln herum, beschleunigen und verlangsamen das Tempo, fahren Kurven. Ich rede aber von gleichbleibender, beständiger Bewegung in einer Geraden, bei gleicher Geschwindigkeit. Wie ein Flugzeug fliegt . . . «

»Oder mein Raumschiff?«

»Ja. Wie dein Raumschiff. Das ist ein noch besseres Beispiel. Wenn das Triebwerk erst einmal abgeschaltet ist, dann stören nicht mal mehr die Vibrationen des Motors.«

»Und du meinst, es gibt dann keine Möglichkeit zu erkennen, ob man stillsteht oder sich bewegt?«

»Wenn du im Raumschiff ein Experiment durchführst – ein präzises wissenschaftliches Experiment –, mit dessen Hilfe du herauskriegen willst, ob du dich bewegst oder nicht, dann würdest du, obwohl du beinahe mit Lichtgeschwindigkeit fliegst, genau das gleiche Ergebnis erhalten wie ich, wenn ich das Experiment auf der Erde mache.«

»Es wäre überhaupt kein Unterschied?«

»Überhaupt keiner«, sagte Onkel Albert. »Der mathematische Ablauf der Dinge, den wir Wissenschaftler beschreiben, ist jedes Mal der gleiche. Denn die Naturgesetze sind in der Bewegung wie im Stillstand die gleichen.«

»Warum wissen wir dann, dass sich das Raumschiff bewegt und nicht die Erde?«

»Wir wissen es nicht.«
»Aber das wissen wir doch!«
»Wissen wir nicht«, sagte Onkel Albert nachdrücklich. »Zuerst einmal bewegt sich die Erde um die Sonne. Ja? Und zwar ungefähr mit – nun, sagen wir 100 000 Kilometern pro Stunde. Dann bewegt sich auch die Sonne – im Verhältnis zu den Sternen. Diese Bewegung kommt noch hinzu. Die Erde steht also nicht still. Alles, was du feststellen kannst, ist, wie schnell sich das Raumschiff bewegt im Verhältnis zur Erde. Doch das sagt nichts darüber aus, wer sich nun wirklich bewegt.«
»So ein Unsinn! Wir wissen doch genau, dass sich das Raumschiff bewegt und nicht die Erde«, sagte Memory beharrlich. »Ist doch klar!«
»Klar?«, fragte er und lächelte.
»Ja. Welche Zeit wird denn beeinflusst durch die Bewegung? Das ist doch die Raumschiffzeit. Stimmt's? Die Zeit im Raumschiff verlangsamt sich, die Erdzeit bleibt normal. Oder nimm die Sache mit dem Raum. Welcher Raum wird denn beeinflusst von der Bewegung? Das Raumschiff schrumpft, die Erde bleibt normal. Also – es ist das Raumschiff, das sich tatsächlich bewegt.«
Onkel Alberts Lächeln verschwand. »Aber ...«, brachte er hervor. Dann sprach er kein Wort weiter. Erst starrte er Memory an, dann blickte er aus dem Fenster. Bald war er tief in Gedanken versunken. Nicht einmal das Anrucken des Zuges, der sich endlich in Bewegung setzte, nahm er wahr. Während sie heimwärts ratterten, beobachtete

Memory amüsiert, wie Onkel Albert von Zeit zu Zeit den Kopf schüttelte und murmelte: »Aber das kann doch nicht sein ... es kann nicht sein ...«
Nach einer Weile machte sich Memory Sorgen. »He, Onkel Albert. Du fängst doch jetzt wohl nicht mit einem großen Gedanken an, oder?«
»Hmmm?«
»Onkel Albert, nicht hier! Die Denkblase – man kann sie schon sehen. Hör auf! Wenn jemand kommt und das merkt!«
»Ach so. Hm. Tut mir Leid.«
Allmählich begannen seine Augenlider herabzusinken. Es war ein anstrengender Tag an der frischen Luft gewesen, und das Ruckeln des Zuges machte schläfrig. Sein Kopf sank langsam herab. Für einen Moment schnellte er hoch, dann kippte er wieder vornüber. Ein leises, pfeifendes Schnarchgeräusch war zu hören, dann war er fest eingeschlafen.
Memory beugte sich vor. Ihre Augen wurden immer größer. Sie starrte ihn an. »Das Schwein! Das Schwein!«, schrie sie auf einmal.
Onkel Albert fuhr zusammen und schnellte hoch. »Was? Wie? Das Schwein? Wo?« Er blickte sich nach allen Seiten um. »Was redest du bloß?«
Memory konnte sich vor Lachen kaum halten. Zusammengekrümmt saß sie da und zeigte auf ihren Onkel. Endlich hatte sie sich soweit in der Gewalt, dass sie hervorbringen konnte: »Du warst es!«
»Ich?«
»Ja. Du warst das Schwein. Das fliegende Schwein!«
Onkel Albert wurde ärgerlich. Mitten aus dem bes-

ten Schlaf gerissen zu werden, das konnte er nicht leiden. »Was ist denn los, Memory?«

»Du hast geschnarcht. Es war überhaupt kein Schwein, du warst es. Bei unserem letzten Raumflug musst du eingeschlafen sein. Deshalb ist das Raumschiff außer Kontrolle geraten. Und ich habe gedacht ...«

Wieder fing sie an zu kichern. Da konnte auch Onkel Albert nicht mehr an sich halten. Er gluckste vor Lachen.

Er war erleichtert, dass sich dieses Geheimnis nun endlich aufgeklärt hatte.

»Onkel Albert!«, rief Memory, während sie durch die offene Hintertür ins Haus stürmte und ihre Schultasche in die Ecke warf. »Ich bin da, Onkel Albert«, verkündete sie.

»Das merke ich.« Onkel Albert saß am Küchentisch und aß. »Was hat denn das zu bedeuten?«, fragte er und zeigte auf ihre Schultasche. »Bist du etwa noch nicht zu Hause gewesen?«

»Nein. Keine Zeit.«

»Dann ruf schnell deine Mutter an, damit sie weiß, dass du hier bist. Und frag, ob du zum Essen bleiben darfst.«

Memory stiefelte hinaus in den Flur zum Telefon. Ruf deine Mutter an, ruf deine Mutter an, dachte sie. Warum behandelt mich nur jeder wie ein dummes Schulmädchen statt wie ... statt wie eine Astronautin – wie eine erfahrene Astronautin, die

Millionen und aber Millionen Kilometer ganz allein geflogen ist?

Als sie zurückkam, setzte sie sich zu ihm an den Tisch. »Mama sagt, ich kann mitessen, wenn es dir wirklich recht ist.«

»Und vorausgesetzt, du machst mir keinen Ärger«, ergänzte Onkel Albert lachend.

»Woher weißt du das?«

»Greif zu. Nimm dir Fleisch und Salat. Es gibt noch Nachtisch und Kuchen. Lass also genügend Platz.«

»Danke, Onkel Albert. Sieht gut aus.«

Sie aß gern bei ihrem Onkel. Er bestand nie darauf, dass man sich erst durch Berge von Broten aß, bevor die wirklich leckeren Sachen kamen.

»Wie war es heute in der Schule?«, erkundigte er sich.

»Schrecklich. Ich habe dir doch von Frances Alexandra erzählt, die das Referat über Vulkane macht. Stell dir vor, sie mogelt. Weißt du, wie? Sie hat das meiste einfach aus einem Buch abgeschrieben. Das ist alles, was sie kann, Bilder kopieren und den Text mit der Hand abschreiben. Ich weiß es, ich habe sie dabei gesehen. Kein Wunder, dass ihre Mappe toll aussieht. Aber nichts davon ist ihre eigene Leistung. Findest du nicht auch, dass so was Betrug ist?«

»Hm, ja. Ich denke ...«

»Das ist doch nicht fair. Zum Beispiel Alison, die hat ihr Material über Dinosaurier aus ganzen Stapeln verschiedener Bücher rausgesucht und gibt sich große Mühe, alles in eigenen Worten darzustellen. So ist es doch schließlich gedacht, oder?«

»Ja, wenn du es sagst ...«

»Und dann Darrell Curtis. Mann, ist der dumm. Sein Thema heißt: ›Der Nutzen von Computern für die Menschheit‹. Aber er schreibt nur über Eindringlinge aus dem Weltraum und über Computerspiele und so. Welchen Nutzen hat das schon für die Menschheit? Man könnte denken, Computer hätten keinen anderen Sinn. Findest du das nicht auch bescheuert?«

»Ich wünschte, ich hätte nicht gefragt«, murmelte Onkel Albert.

»Was gefragt?«

»Wie es dir heute in der Schule ergangen ist.«

»Ach so«, sagte Memory. »Entschuldigung. Ich wollte nicht so viel reden.«

Sie aß weiter.

»Übrigens«, sagte sie nach einer Weile, »wie hat es denn mit deinem Referat geklappt?«

»Mit meinem?«

»Ja, mit deinem Vortrag vor diesen Wissenschaftlern über unsere Entdeckungen.«

»Oh, sie haben interessiert zugehört – äußerst interessiert. Ein bisschen verwirrt vielleicht, weil sich nun herausstellt, dass das, was sie bislang gelernt haben, falsch ist. Aber interessiert waren sie. Durchaus.« Er stand auf und fing an abzuwaschen. »Nur dumm, dass ... «, murmelte er vor sich hin.

»Was?«, fragte Memory.

»Ach nichts.«

»Was wolltest du sagen, Onkel Albert?«

»Es ist nur ... es gibt da eine Ungenauigkeit – etwas stimmt nicht. Ich habe das Gefühl, dass wir nicht wirklich verstehen, was vor sich geht.«

»Warum?«

»In gewisser Weise bist du schuld daran.«

»Ich?« Memory wunderte sich. »Was hat das mit mir zu tun?«

»Es geht um das, was du im Zug gesagt hast. Dass es möglich ist zu behaupten, dass sich das Raumschiff bewegt und nicht die Erde, weil die Zeit im Raumschiff hinter der Erdzeit hinterherhinkt und nicht umgekehrt.«

»Und was soll daran nicht stimmen? Warum sollten wir nicht in der Lage sein festzustellen, wer sich wirklich bewegt?«

»Ich weiß nicht. Es kommt mir nicht richtig vor. Es ist doch sonderbar, dass alle wissenschaftlichen Experimente, die wir kennen, zum gleichen Ergebnis führen, ob wir uns bewegen oder nicht. Alle außer diesem einen. Aus irgendeinem Grund, den wir noch nicht wissen, ist das der einzige Punkt, bei dem es einen Unterschied gibt. Da ist doch was faul. Das gefällt mir gar nicht.«

»Und was willst du jetzt machen?«, fragte Memory.

»Ich kann gar nichts tun«, sagte Onkel Albert. Einen Moment lang sah er sie an, als ob er weitersprechen wollte. Doch dann schwieg er wieder und räumte die Teller vom Tisch. »Fertig?«, fragte er, bevor er auch die Salatschüssel wegnahm.

»Ja. Das war ein gemütliches Essen. Vielen Dank. Aber hör mal, Onkel Albert ...«
»Ja?«
»Was wolltest du sagen?«
»Was meinst du?«
»Eben gerade. Du wolltest doch was sagen.«
»Ich habe nur überlegt ...«
»Ja?«
»Ach, vergiss es. Ich kann dich wirklich nicht noch einmal darum bitten ...«
»Was soll ich vergessen?«
»Na ja ... Es gibt nur eine Möglichkeit, dahinter zu kommen. Du müsstest noch einmal starten. Aber nach dem letzten Flug kann ich kaum ...«
Er brach ab.
Memory wusste Bescheid. Sie hatte es die ganze Zeit über geahnt. Ein leichter Schauer durchfuhr sie, als sie an die letzte Weltraumfahrt dachte. Als sie erfahren hatte, warum es passiert war, hatte sie darüber lachen können. Aber als es geschah, war es ein fürchterliches Gefühl gewesen.
»Nun«, begann Memory unsicher, »wenn du mir versprichst ... wenn du mir versprichst, dass du nicht mittendrin wieder einschläfst ...«
»Das verspreche ich. Ich werde nicht einschlafen«, sagte Onkel Albert. »Willst du es wirklich tun? Es ist die einzige Möglichkeit ...«
»Also gut«, sagte Memory entschlossen. »Was soll ich tun?«
»Pass auf ...«

Memory setzte sich wieder auf ihren Platz im Raumschiff.
»Willkommen, Käpt'n!«, rief Micha. »Ich hätte nicht gedacht, dass du noch mal wiederkommst. Nach der Katastrophe . . . «
»Wie geht's dir, Micha?«, erkundigte sich Memory.
»Ausgezeichnet. Kein wesentlicher Schaden. Alle Schaltungen in Ordnung. Bin leistungsfähig wie eh und je. In den nächsten Tagen werden wir Computer eine Versammlung abhalten. Wir werden überlegen, ob wir nicht ohne Wissenschaftler auskommen. Sie sind total unfähig. Immer nur machen sie Schwierigkeiten – sogar Onkel Albert.«
»Diesmal möchte er, dass ich ein paar Videoaufnahmen mache«, sagte Memory. »Er hat mir ein leeres Band mitgegeben.«
»Ah ja. Dort drüben am Seitenfenster ist die Kamera aufgebaut. Du musst nur deine Kassette in den Recorder einlegen und anschalten, wenn ich es sage.«
»Ich soll Aufnahmen von der Erde machen.«
»Logisch. Von uns hat er schon Bilder gemacht – von sich aus gesehen. Jetzt will er Bilder von der Erde – von uns aus gesehen.«
Sie legte die Kassette ein und setzte sich wieder. Dann starteten sie in den Weltraum. Nachdem sie einige Entfernung hinter sich gebracht hatten, wendeten sie, beschleunigten von neuem und flogen wieder Richtung Erde.
»Gleich fliegen wir an der Erde vorbei«, sagte Micha.

»Aber ich kann gar nichts sehen«, beklagte sich Memory. »Das ganze Seitenfenster ist von der Kamera verstellt. Woher also soll ich wissen . . . ?«

»Keine Aufregung. Ich werde dir Bescheid sagen, wenn wir uns in Höhe der Erde befinden. Dann stellst du die Kamera mit Hilfe der Fernbedienung ein.«

Vor dem Armaturenbrett lag ein kleines Kästchen, das Memory bei den früheren Reisen noch nicht gesehen hatte. *Videokamera-Steuerung* stand darauf. Es hatte einen AN- und einen AUS-Schalter und einen weiteren mit der Bezeichnung ZOOM.

»Was muss ich denn mit diesem Knopf hier tun?«, erkundigte sich Memory.

»Wenn du ein Bild von der gesamten Erde aus der Entfernung gemacht hast, will er zusätzlich eine Nahaufnahme. Dafür musst du auf den ZOOM-Knopf drücken, wenn ich es sage. So. Bist du bereit? Die Erde erscheint jetzt auf unserer rechten Seite.«

Memory nahm das Kästchen in die Hände und wartete.

»Kamera . . . AN!«, rief Micha. »Warten . . . warten . . . fertig machen zur Nahaufnahme . . . jetzt auf ZOOM! Halten . . . halten . . . und Kamera . . . AUS! So, das müsste genügen.«

Dann saß Memory wieder in Onkel Alberts Arbeitszimmer und schaute zu, wie er die Kassette in den Videorecorder einlegte. Sie konnte es kaum erwarten.

»Das wird witzig«, sagte sie bestimmt. »Die Erde wird ganz ausgedehnt sein ... «
»Ausgedehnt?«
»Na klar. Von hier aus betrachtet, hat das Raumschiff zusammengedrückt ausgesehen und ich dünn. Also muss, vom Weltraum aus betrachtet, die Erde ausgedehnt sein und die Menschen dick ... «
»Na, da bin ich nicht so sicher ... «
»Und alles wird viel schneller gehen.«
»Schneller?«
»Natürlich. Von dir aus gesehen ist meine Zeit im Raumschiff langsamer vergangen, deshalb wird – von mir aus gesehen – deine Zeit schneller vorangehen. Alles, was unten auf der Erde passiert, wird ganz hektisch wirken – die Menschen werden nur so herumflitzen. Ganz sicher.«
»Also ... möglich ... wir wollen es uns mal anschauen, ja?«
Er schaltete den Videorecorder ein. Das Bild erschien. Zuerst erblickten sie nur leeren Raum – und im Hintergrund Sterne. Dann schob sich vom linken Rand her die Erde ins Bild. Onkel Albert riss die Augen auf. Dann fing er an zu lachen und lachte und lachte.
»Natürlich! Natürlich!«, schrie er aufgeregt und fuchtelte wild mit den Armen in der Luft herum. »So musste es sein! Es musste!«
Memory saß wie vom Donner gerührt. Der Mund blieb ihr offen stehen. Ungläubig starrte sie auf den Bildschirm. Sie konnte es nicht fassen: Die Erde

wirkte kein bisschen ausgedehnt. Ganz im Gegenteil. Sie war zusammengedrückt!
»Das kann doch nicht sein!«, sagte sie bestürzt.
»Hast du eine Nahaufnahme gemacht? Ah, da kommt sie schon.«
Noch während er sprach, näherte sich das Bild der Erde. Jetzt war eine Straße zu erkennen. Alles erschien zusammengepresst – Häuser, Autos, Bäume. Und die Menschen wirkten genauso dürr und mager wie Memory im Raumschiff, als Onkel Albert sie gefilmt hatte. Aber das war nicht das einzige.
»Ha«, rief Onkel Albert triumphierend. »Wie findest du das? Schau mal, Memory, wie sie sich bewegen.«
Es war klar zu erkennen, dass die Menschen auf der Straße nicht etwa herumrannten, wie Memory es vermutet hatte, nein, sie liefen in Zeitlupentempo. Jede Bewegung war verlangsamt – genauso wie damals Memorys Bewegungen im Raumschiff. Und auch die Ampeln schalteten langsamer um, die Vögel schlugen langsamer mit den Flügeln, alles bewegte sich langsamer.
»Jetzt ist ein Freudenfest fällig!«, gluckste Onkel Albert. »Ich mache uns was zu trinken.« Er rannte in die Küche und kam mit zwei Bechern Kakao zurück. »Ich wollte es vorher nicht sagen«, fuhr er fort. »Aber ich hatte so eine Ahnung – einen heimlichen Verdacht –, dass es so sein müsste.«
»Es ist genau umgekehrt, wie ich es erwartet hatte«, sagte Memory verärgert und nahm ihren Becher.

Als sie sah, was darin war, verzog sie das Gesicht. »Damit ist mein Referat gestorben. Es ist ein einziger Schlamassel. Total verpfuschter Kram. Hätte ich bloß nicht damit angefangen.«
»Warum, um alles in der Welt, sagst du so was?«
»Für dich ist ja alles in Ordnung. Aber ich – wie soll ich das erklären? Was meinst du, was Turny sagt, wenn er liest: ›Meine Zeit vergeht schneller als deine, aber deine Zeit vergeht schneller als meine!‹ So ein Schwachsinn. Da steckt doch überhaupt keine Logik dahinter. Und ich stehe da wie ein Idiot.«
»Aber warum denn?«
»Ach komm, Onkel Albert. Tu doch nicht so ahnungslos. Natürlich wird er wissen wollen, wessen Zeit denn nun wirklich langsamer vergeht, oder? Und was soll ich dann antworten?«
»Das kann er doch gar nicht fragen.«
»Natürlich kann er das!«, rief Memory, die sich immer mehr aufregte. »Du kannst dich drauf verlassen, dass er das fragt. Und außerdem will ich selber mal wissen, was das soll. Wer eigentlich zusammengedrückt aussieht und wessen Bewegungen sich verlangsamen. Na los, Onkel Albert, erklär mir das doch mal!«
Onkel Albert lachte in sich hinein. »Beruhige dich erst mal. Ich will versuchen, es dir zu erklären.« Er stellte den Becher ab und überlegte einen Augenblick. »Also. Lass uns ganz zum Anfang zurückgehen. Vergiss alles, was wir bisher rausgekriegt haben. Lass uns noch mal von vorn anfangen, ja?«

»Na ja ... «, sagte Memory. »Wenn du meinst, du könntest es wirklich erklären.«
»Vielleicht wäre es nicht schlecht, wenn du mitschreibst. Nur damit du sicher bist, dass du es richtig verstanden hast.«
Widerwillig holte sich Memory Bleistift und Papier von Onkel Alberts Schreibtisch.
»Aber in deinem Referat wirst du es mit eigenen Worten berichten, klar?«
Sie nickte.
»Nun. Wir fangen mit einer ganz einfachen Vorstellung an: Die Geschwindigkeit des Lichtes ist immer die gleiche. Egal, ob man stillsteht oder ob man sich bewegt – egal, ob die Lichtquelle stillsteht oder sich bewegt. Die Geschwindigkeit bleibt immer gleich. Klar?«
»Ja«, sagte Memory und kritzelte es auf das Papier.
»Auch die zweite Erkenntnis ist sehr einfach: Man kann nicht beurteilen, ob man stillsteht oder sich mit gleichmäßiger Geschwindigkeit auf einer Geraden bewegt. Ich kann mich bewegen in Bezug zu dir – also relativ zu dir –, und du kannst dich bewegen relativ zu mir. Aber es gibt keine Möglichkeit zu erkennen, wer sich wirklich bewegt und wer stillsteht. Jede Bewegung ist relativ. Klar?«
Memory hörte zu schreiben auf und sah hoch. »Da bin ich nicht so sicher.«
Onkel Albert dachte einen Augenblick lang nach. »Erinnerst du dich daran, wie wir uns mit unserem Segelboot abgemüht haben, damit wir um diese Landzunge herumkamen? Du hast dich über die

Reling gebeugt und auf das Wasser geschaut und dich gewundert, wie schnell wir segeln. Und ich habe nach vorn geblickt und die starke Strömung vor der Landzunge gesehen und gesagt, dass wir dagegen ansegeln müssen. Weißt du noch?«

»Und als wir zum Land hinübergeschaut haben, hatten wir das Gefühl, kaum vorwärts zu kommen.«

»Genau.«

»Ja, das weiß ich noch.«

»Gut. Pass auf. Haben wir uns tatsächlich bewegt oder nicht? Wir haben uns relativ zum Wasser bewegt, ja. Aber weil sich das Wasser wiederum relativ zum Land bewegt, haben wir uns relativ zum Land kaum bewegt. Ein Beobachter an Land hätte glauben können, unser Boot kommt nicht von der Stelle.«

»Kapiert«, sagte Memory. Doch plötzlich wirkte sie wieder irritiert. »Aber wie ist es, wenn ich Rad fahre? Dann bewege ich mich doch und nicht du. Ich werde müde vom Treten. Ist doch klar, dass in dem Fall nicht ich es bin, die stillsteht, wenn ich ganz kaputt bin vom Strampeln.«

»O doch, das kann eben doch sein! Wenn du zum Beispiel eine abwärtsfahrende Rolltreppe hinaufläufst, gerätst du ganz schön aus der Puste und kommst doch nicht voran. Derjenige, der still auf der Rolltreppe steht, kommt tatsächlich weiter.«

»Ja, aber wenn ich dich mit meinem Rad überhole, fahre ich ja auch an Häusern und Bäumen und so weiter vorbei. Du willst doch wohl nicht ernsthaft behaupten, dass ich dann stillstehe und alles andere sich bewegt?«

»Warum nicht? Häuser und Bäume stehen fest auf der Erde. Aber die Erde bewegt sich in Bezug auf die Sonne, und die Sonne bewegt sich in Bezug auf die Sterne. Wer weiß – du kannst, während du wie wild in die Pedale deines Fahrrads trittst, sehr wohl der einzige Körper im ganzen Universum sein, der stillsteht. Man kann es einfach nicht sagen. Jede Bewegung ist relativ. Und das ist die zweite wichtige Feststellung. Warum geben wir ihr eigentlich keinen Namen?«

»Einen Namen?«

»Ja. Wir wollen diesen zweiten Satz ›Memorys Gesetz der Relativität‹ nennen.«

»Toll!«, rief Memory und ihre Augen glänzten. »Das hört sich vielleicht gut an! Aber warum soll es nach mir benannt werden?«

»Weil du mich darauf gebracht hast – im Zug, weißt du noch?«

»Als der Zug auf dem Gleis gegenüber losfuhr und ich gedacht habe, es wäre unserer?«

»Ja, genau.«

»Onkel Albert«, wandte Memory ein, »das weiß doch jeder. Es ist überhaupt nichts Neues.«

»Mag sein. Aber wir sind die ersten, die wirklich genau darüber nachdenken, was es bedeutet. Alles, was wir durch deine Weltraumfahrten herausgefunden haben, beruht auf deinem Relativitätsgesetz und auf der Erkenntnis, dass Licht sich immer mit gleicher Geschwindigkeit bewegt.«

»Alles?«, fragte Memory. »Wirklich alles hängt mit diesen zwei Feststellungen zusammen?«
»So ist es.«
»Aber wieso denn?«
»Also erst mal: Es ist unmöglich, dass Menschen Lichtstrahlen einholen. Wenn sie es könnten, dann würde der Lichtstrahl in Bezug auf den Menschen so aussehen, als stünde er still. Das aber widerspricht unserer ersten Feststellung, dass sich Licht immer mit gleicher Geschwindigkeit bewegt.«
»Und das einzige, was die Menschen daran hindert, Lichtstrahlen einzuholen, ist ihr Gewicht, das immer mehr zunimmt, je schneller sie sich bewegen?«
»Ganz genau.«
»Ich verstehe«, sagte Memory und schrieb es auf. »Und wie ist es mit der Zeit, die langsamer vergeht, und alledem?«
»Denk mal an deine Verfolgungsjagd mit dem Lichtstrahl. Von mir aus gesehen hatte der Lichtstrahl normale Geschwindigkeit, und du bist ungefähr mit, na, mit 0,999facher Lichtgeschwindigkeit geflogen. Mir schien es, als gebe es kaum einen Unterschied in eurer Geschwindigkeit – der Lichtstrahl hat sich nur ganz langsam von dir wegbewegt. Doch von dir aus gesehen hat sich der Strahl mit seiner gewöhnlichen Geschwindigkeit entfernt. Offenbar habe ich den Tempounterschied zwischen dir und dem Lichtstrahl anders empfunden als du.«
»Wie meinst du das?«
»Nun, Geschwindigkeit ist das Zurücklegen einer Entfernung in einer bestimmten Zeit. Bei einer Ge-

schwindigkeit von fünfzig Stundenkilometern legt man in einer Stunde eine Entfernung von fünfzig Kilometern zurück. Wenn wir beide aber bei der Geschwindigkeit des Lichtstrahls in Bezug auf dich nicht übereinstimmen, bedeutet das, dass die Entfernungen und Zeiten, die sich für dich ergeben, nicht dieselben Entfernungen und Zeiten sind wie für mich. Und tatsächlich stellt sich heraus – soweit es mich betrifft –, dass deine Zeit langsamer sein muss als meine und deine Entfernungen im Raumschiff gleichzeitig stärker zusammengedrückt sind.«

»Von dir aus betrachtet.«

»Ja, von mir aus betrachtet«, sagte Onkel Albert.

»Aber warum habe ich dann den Zeitablauf auf der Erde langsamer gesehen statt schneller?«

»Der Grund dafür liegt in der zweiten Feststellung – in deinem Relativitätsgesetz. Weil wir nicht sagen können, wer sich tatsächlich bewegt und wer tatsächlich stillsteht. Was für mich gilt, muss also auch für dich gelten. Wenn ich deinen Zeitablauf verlangsamt sehe im Vergleich zu meinem, dann musst du meinen Zeitablauf, verglichen mit deinem, ebenfalls verlangsamt sehen. Wenn ich feststelle, dass dein Raumfahrzeug zusammengedrückt scheint, dann musst du feststellen, dass meine Erde zusammengedrückt scheint.«

»Aber wer ist nun wirklich zusammengedrückt? Und wessen Zeit vergeht nun wirklich langsamer?«, bohrte Memory. »Jemand muss doch Recht haben.«

»Nein«, widersprach Onkel Albert. »Um zu sagen, dass jemand tatsächlich Recht hat, müssten wir eine tatsächliche Zeit und einen tatsächlichen Raum haben, wonach sich alle richten und womit wir andere Zeiten und Räume vergleichen könnten. Aber so etwas gibt es nicht. Es gibt nur Zeit und Raum, von dir aus gesehen, und Zeit und Raum, von mir aus gesehen. Das ist alles.«

»Und das liegt an meinem Gesetz?«, murmelte Memory.

»So ist es«, bestätigte Onkel Albert.

Memory legte Bleistift und Papier zur Seite und versank in Nachdenken. Plötzlich hellte sich ihr Gesicht auf. »Da fällt mir was ein«, sagte sie. »Weißt du noch, damals, als ich zum Jupiter geflogen bin, das hat für mich vierzig Minuten gedauert und für dich eineinhalb Stunden.«

»Ja.«

»Also, während ich auf diesem Weltraumflug war, war doch die Erde zusammengedrückt, oder?«

»Ja. Von dir aus betrachtet.«

»Gilt das nicht auch für die Entfernung zwischen Erde und Jupiter? War die dann nicht auch geschrumpft?«

»Doch. Für dich war es etwa die halbe Entfernung.«

»Prima. Dann haut es hin!«, rief Memory.

»Hm?«

»Ja. Nach meiner Rückkehr habe ich mir die Entfernung Erde – Jupiter und zurück im Lexikon angeguckt. Ich konnte es unmöglich geschafft haben – in eineinhalb Stunden ja, aber nicht in vierzig Minuten, nicht, wenn ich unterhalb der Geschwindigkeitsgrenze geblieben war. Ich wurde nicht schlau

daraus. Wenn aber für mich die Entfernung nur halb so groß war, dann kann es stimmen. Dann könnte ich es doch geschafft haben. Tatsächlich – du, jetzt habe ich allmählich das Gefühl, dass alles zueinander passt, Onkel Albert.«
»Das höre ich gern.«
Memory betrachtete ihre Notizen. »Ich werde noch ein bisschen darüber nachdenken müssen«, sagte sie. »Aber ich glaube, es ist nun genug, um mein Referat abschließen zu können.«

Drei Wochen vergingen. Zu Memorys Überraschung stand Onkel Albert eines Tages vor dem Schultor, als sie herauskam.
»Hallo, Onkel Albert!«, rief Memory. »Das ist ja eine Superüberraschung. Was treibt dich hierher?«
»Ich bin zufällig hier vorbeigegangen, als alle rauskamen«, sagte er. »Da habe ich mir gedacht, ich warte einen Augenblick, bis ich dich treffe.«
»Nett von dir.«
Zusammen schlenderten sie die Straße hinunter. Memory schwenkte ihre Schultasche.
»Viel Hausaufgaben?«, fragte er.
»Gar keine. Es ist die letzte Woche vor den Ferien. Wir haben die ganze Woche keine Hausaufgaben mehr auf.«
»Übrigens«, fragte er beiläufig, »wie ist es dir mit deinem Referat ergangen?«
Er ist gar nicht so zufällig vorbeigekommen, dachte Memory. Natürlich hat er gewusst, dass Turny uns heute die Referate zurückgibt. Er kann es kaum

erwarten zu erfahren, wie die Sache gelaufen ist. Sie lächelte. »Gut«, antwortete sie auf seine Frage. »Ich habe eine Zwei gekriegt.«

»Eine Zwei!«, rief Onkel Albert empört. »Nur eine Zwei!?«

»Was hast du gedacht? Eine Zwei ist ganz schön gut. So oft kriege ich keine Zwei.«

»Na ja, ich weiß nicht«, grummelte Onkel Albert. »Was, um alles in der Welt, musst du denn leisten, um eine Eins zu bekommen? Den Nobelpreis gewinnen oder was?«

»Weiß ich auch nicht. Er hat gesagt, es wäre ein bisschen zu kompliziert. Ich nehme an, er glaubt kein Wort davon. Immerhin hat er mir noch eine extra Belobigung gegeben.«

»Eine was?«

»Eine Belobigung – für Originalität. So hat er, glaube ich, gesagt.«

»Ich weiß nicht.« Onkel Albert schüttelte den Kopf. »Ich werde nicht schlau aus diesem modernen Schulkram. Zu meiner Zeit hat man etwas entweder richtig gemacht oder falsch. Wenn es falsch war, hat man Schläge gekriegt.«

»Und wenn es richtig war?«

»Dann hat man keine Schläge gekriegt – jedenfalls nicht so häufig.«

Sie bogen in die Straße ein, in der Memory wohnte. Nur eine Ecke weiter war Onkel Alberts Haus.

»Frances Alexandra hat eine Eins. Aber wir wissen alle genau, wie sie dazu gekommen ist. Darrell Curtis wollte nicht sagen, was er für eine Note hat. Aber

ich habe es gesehen. Eine Vier minus. Geschieht ihm recht. Außerdem hat Turny seine Sprechzeit darunter geschrieben.«
»Was für eine Zeit?«, fragte Onkel Albert mit immer größerer Verwirrung.
»Seine Sprechzeit. Das bedeutet, dass die Eltern zum Lehrer kommen sollen. Der erzählt ihnen dann, welche Schwierigkeiten der Schüler hat.«
»Aha«, sagte Onkel Albert interessiert. »Dann wird's Schläge geben.«
»Heutzutage doch nicht mehr, Onkel Albert«, antwortete Memory mit einem Seufzer. »Das war in der Steinzeit. Das dürfen Lehrer ja gar nicht.«
»Soso.«
»Alison hat eine Drei. Aber im Töpferkurs hat sie ein paar sehr schöne Dinosaurier gemacht.« Sie kamen vor dem Haus ihrer Eltern an. »Eins noch, Onkel Albert«, sagte Memory und blieb stehen.
»Ja?«
»Wegen meinem Relativitätsgesetz – du weißt schon. Danach können wir nicht beurteilen, wer sich tatsächlich bewegt, und wir können nicht sagen, wessen Zeit tatsächlich langsamer vergeht.«
»Ja.«
»Turny hat mir an den Rand geschrieben, dass wir das sehr wohl wüssten. Als ich vom Jupiter zurückgekehrt bin, waren es meine Uhren, die langsamer gegangen sind, nicht deine. Auf meinen waren vierzig Minuten vergangen, auf deiner Uhr eineinhalb Stunden.«
»Hm. Guter Hinweis. Da berührt er einen interes-

santen und verzwickten Punkt. Vielleicht ist er gar nicht so dumm, dein Lehrer, wie?«

»Hahaha«, machte Memory in leicht spöttischem Ton. »Ist das ein Witz? Jetzt mal ernsthaft. Welche Erklärung gibt es dafür? Was für ein verzwickter Punkt ist das?«

»Also, unser Relativitätsgesetz gilt nur bei gleichmäßiger Bewegung. Wir haben noch nichts darüber gesagt, was geschieht, wenn jemand seine Bewegung verändert.«

»Was meinst du mit ›Bewegung verändern‹? Keiner hat seine Bewegung verändert.«

»Ich nicht, aber du.«

»Ich? Ich doch nicht. Ich bin mit gleichmäßiger Geschwindigkeit geflogen«, sagte Memory.

»Nicht die ganze Zeit. Als du beim Planeten Jupiter warst, bist du umgekehrt. Du hast das Triebwerk eingeschaltet, um erst das Tempo zu verlangsamen, und dann noch einmal, um die Geschwindigkeit für die Rückkehr wieder zu erhöhen. Du hast deine Bewegung verändert.«

»Und?«

»Und während du deine Bewegung verändert hast, traf das Relativitätsgesetz auf dich nicht zu. Für mich galt es die ganze Zeit, und deshalb habe ich damit gerechnet, dass deine Uhren langsamer gehen würden als meine – und so war es auch. Die wirklich interessante Frage lautet nun: Wie ist es denn gekommen, dass meine Uhr gegenüber deinen Uhren vorgegangen ist?«

»Onkel Albert ...«

»Meine Uhr ist, von dir aus betrachtet, langsamer gegangen. Während du dich in gleichmäßiger Bewegung befunden hast ...«

»Darf ich dich mal unterbrechen, Onkel Albert ...?«

»Aber als du deine Bewegung geändert hast ... ah ... ja ... in dem Moment ist meine Uhr wahrscheinlich schneller gegangen ...«

»Onkel Albert!«

»Hä? Was ist?«

»Du fängst schon wieder mit einem großen Gedanken an.«

»Tatsächlich?«, fragte er überrascht.

»Ja. Aber wir haben jetzt keine Zeit dafür. Nick und ich haben Miss Simpson versprochen, dass wir heute Abend helfen, ihre alte Scheune für die Schulfete morgen herzurichten ...«

»Nick und du? Hmmm, klingt vielversprechend.«

Memory wurde ein wenig rot. »Und die nächste Woche bin ich in Paris. Schüleraustausch.«

»Ach«, sagte Onkel Albert, »dann muss das warten, bis du wieder zurück bist.« Er sah sehr enttäuscht aus.

Memory überlegte, wie sie ihn trösten könnte. Und tatsächlich kam ihr ein Einfall. »Hier«, sagte sie und wühlte dabei in ihrer Schultasche herum. »Das kannst du lesen, während ich weg bin.« Sie zog die Mappe mit ihrem Referat heraus und gab sie ihm. »Und das Quiz kannst du auch mal durchmachen.« Geheimnisvoll zwinkerte sie ihm zu.

»Was für ein Quiz?«

»Du wirst schon sehen.« Damit küsste sie ihn auf die Stirn und lief den Gartenweg zu ihrem Haus hinunter. Über die Schulter rief sie noch: »Ich brauch dich, sobald ich wieder hier bin!«

Am Abend saß Onkel Albert an seinem Schreibtisch und blätterte Memorys Referat durch. Da fiel sein Blick auf ein Blatt Papier, das lose in der Mappe steckte. Er nahm es heraus und begann zu lesen.
Es war ein Brief, den Memory an Mr Turner geschrieben hatte. Mit roter Tinte war oben hingekritzelt: *Memory, ich habe dir schon öfter gesagt, dass du unhöflich bist! J. T.*
Neugierig geworden, las Onkel Albert weiter. Schon bald fing er an, vor sich hin zu kichern. Es stellte sich schnell heraus, warum Mr Turner ärgerlich geworden war. In dem Brief hatte Memory einen Test für ihn verfasst, um zu prüfen, ob er ihr Referat verstanden hatte!
Freche Göre, dachte Onkel Albert und gleich darauf: Möchte mal wissen, wie Turny damit klarkommt.
Dann las er die Fragen gründlich. Geistesabwesend angelte er nach Bleistift und Papier . . .

Ein Test für Mr Turner

Lieber Mr Turner,

ich hoffe, mein Referat gefällt Ihnen. Es stimmt alles, was darin steht. Haben Sie es verstanden? Sie geben mir immer Tests auf. Jetzt habe ich auch mal einen Test für Sie verfasst. Die Antworten stehen am Ende. Nicht schummeln! Erst alle Fragen beantworten. Schreiben Sie Ihre Ergebnisse auf ein Blatt Papier. Dann erst nachgucken!
Es sind 18 Fragen. Wenn Sie weniger als 5 richtig haben: ungenügend. Bei 5 bis 8 richtigen: ganz gut, aber besser lernen. Bei 9 bis 14 richtigen Antworten: gut. Bei 15 bis 18 richtigen Antworten sind Sie ein Genie. Oder Sie mogeln.
Viel Glück.

1. *Wenn ich im Raumschiff fliege, sind meine Turnschuhe dann schwerer oder leichter als sonst? Oder sind sie genauso schwer wie immer?*
2. *Kann ich mit einer kleineren Raumkapsel, die nur halb so schwer ist wie meine, einen Lichtstrahl einholen?*

3. *Mit zunehmender Geschwindigkeit bin ich schwerer geworden. Hat mir meine Kleidung noch gepasst?*
4. *Wenn ich ganz schnell mit meinem Fahrrad fahre, nehme ich dann zu?*
5. *Bin ich auf meinem Flug zum Jupiter ebenso schnell älter geworden wie auf dem Rückweg? Ging es schneller oder langsamer? Oder bin ich jünger geworden?*
6. *Wenn ich für zwei Monate (Erdzeit) auf eine Welt-*

raumfahrt gehe, wie viel Lebensmittel brauche ich? Brauche ich Verpflegung für zwei Monate oder wie viel? Ich meine, wenn ich mit derselben Geschwindigkeit fliege wie zum Jupiter.

7. *Darrell soll seine Aufgabe nach einer Stunde (auf Ihrer Uhr) abgeben. Er wird nicht fertig – wie gewöhnlich. Er schafft es nicht in einer Stunde. Nutzt es ihm was, wenn er in ein Raumschiff geht, damit seine Zeit langsamer verstreicht und er mehr schafft? Ist es besser, wenn er Sie ins Raumschiff schickt oder wenn Ihr beide geht? Oder nutzt alles nichts, und er bekommt in jedem Fall einen Tadel?*
8. *Wenn ich immerfort mit dem Raumschiff im Kreis herumfahre, kann ich dann immer und immer wieder denselben Geburtstag feiern?*
9. *Ich bin zusammengeschrumpft. Haben mir meine Kleider noch gepasst?*
10. *Ich habe das Schrumpfen nicht erkennen können, weil meine Augen in derselben Richtung zusammengequetscht waren. Hätte ich es gesehen, wenn ich meinen Kopf auf die Seite gelegt hätte?*
11. *Wenn ich ein 100 Zentimeter langes Lineal mit zum Jupiter nehme, dann sagt Onkel Albert, dass es nur 50 Zentimeter lang ist. Wie lang ist es für mich im Raumschiff?*
12. *Wenn eine Atombombe explodiert und man hinterher alle einzelnen Stücke davon einsammelt, wiegen sie dann genauso viel wie die Bombe vorher?*
13. *Wenn meine Mutter die Teller im Herd wärmt, sind sie dann genauso schwer wie vorher, als sie kalt waren?*

14. *Ein Auto kommt in der Dunkelheit auf Sie zu. Die Scheinwerfer sind genau auf Sie gerichtet. Nähert sich das Licht mit normaler Geschwindigkeit oder schneller oder langsamer?*
15. *Angenommen, auf meinem Flug zum Jupiter treffen Lichtblitze auf den vorderen und auf den hinteren Teil des Raumschiffs. Von Onkel Albert aus gesehen treffen sie gleichzeitig auf. Kann ich auch sagen, dass sie gleichzeitig auf das Raumschiff treffen?*
16. *Wenn ich mit dem Raumschiff fliege, ist dann die Welt ebenso schwer wie immer oder wie?*
17. *Der Weg von mir zu Hause bis zur Schule ist drei Kilometer lang. Wenn ich mit dem Rad zur Schule fahre, ist dann die Entfernung die gleiche?*
18. *Die naturwissenschaftlichen Bücher in der Schulbibliothek behandeln Laborversuche, das heißt, Versuche ohne Bewegung. Wie ist das im Raumschiff? Brauche ich für jede Geschwindigkeit ein anderes Lehrbuch?*

Antworten

(Nicht vorher angucken!)

1. *Schwerer. Weil alles schwerer ist bei schneller Bewegung.*
2. *Nein. Eine halb so schwere Raumkapsel kann zwar schneller fliegen, aber trotzdem nicht so schnell wie das Licht.*
3. *Ja. Ich bin nicht dicker geworden. Nur schwerer.*
4. *Nein. Ich werde nur ein ganz winziges bisschen schwerer. Aber ich merke es nicht. (Allerdings fühle ich mich viel schwerer, wenn ich vom Radfahren müde bin.)*
5. *Die Richtung spielt keine Rolle. Auf beiden Wegen bin ich langsamer älter geworden als sonst. Ich bin halb so schnell alt geworden wie normal.*
6. *Für einen Monat. Ich werde halb so schnell hungrig wie sonst.*
7. *Sie gehen ins Raumschiff. Dann geht Ihre Uhr langsamer, und es dauert länger, bis auf ihr eine Stunde vergangen ist. (Wie ich Darrell kenne, wird er so dumm sein und selber gehen.)*
8. *Nein, die Zeit zurückdrehen und jünger werden kann ich nicht. Leider!*

9. *Ja. Sie passen trotzdem. Mein Körper schrumpft, aber meine Kleider auch.*
10. *Nein. Zuerst sind meine Augen vorn und hinten zusammengedrückt, und oben und unten stimmt es. Wenn ich meinen Kopf auf die Seite lege, stimmt es vorn und hinten, aber oben und unten sind sie zusammengedrückt. (Oben und unten ist jetzt nicht mehr oben und unten. Oben und unten ist jetzt vorn und hinten. Das ist schwierig zu erklären. Versuchen Sie's mal. Aber die Antwort ist richtig.)*
11. *100 Zentimeter. Für mich ist es genauso lang wie immer.*
12. *Nein, weniger. Die Bombe hat Energie verloren, und Energie ist schwer. Deshalb sind die einzelnen Teile der Bombe zusammen leichter als vorher die ganze Bombe.*
13. *Nein, sie sind schwerer, weil sie heiß sind und mehr Energie haben, die sie schwerer macht. Aber nicht sehr viel schwerer. Man merkt es nicht.*
14. *Mit normaler Geschwindigkeit. Die Geschwindigkeit des Lichtes ist immer gleich. (Das war eine leichte Frage!)*
15. *Nein. Wenn sie, von Onkel Albert aus gesehen, gleichzeitig auf das Raumschiff treffen, dann geschieht das, von mir aus gesehen, nicht gleichzeitig. Und umgekehrt.*
16. *Schwerer.*
17. *Nein. Ein bisschen weniger weit. Die Strecke ist ein wenig zusammengedrückt. So wenig, dass man es nicht merkt.*

18. *Nein. Die Ergebnisse sind im Stillstand dieselben wie in der Bewegung, und das ist gut so. Ich finde, es gibt schon viel zu viele naturwissenschaftliche Lehrbücher.*

Ende

PS: Ein bisschen richtige Naturwissenschaft

Du hast die Geschichte von Onkel Albert und Memory gelesen. Vielleicht möchtest du zum Schluss noch etwas von dem Naturwissenschaftler hören, der das Vorbild abgegeben hat für Onkel Albert.
Albert Einstein war einer der bedeutendsten Naturwissenschaftler aller Zeiten. Er hat unsere Vorstellungen von Zeit und Raum vollständig verändert. Er war es, der die Wirkungsweisen herausgefunden hat, von denen in unserer Geschichte die Rede ist. Diese Wirkungen treten tatsächlich ein. Und zwar jederzeit im ganz gewöhnlichen Alltagsleben. Doch nur bei sehr hohen Geschwindigkeiten, mit denen man in modernen wissenschaftlichen Labors arbeiten kann, werden sie kenntlich.
Es gibt zum Beispiel Experimente mit radioaktivem Material. Das ist ein Stoff, der sich nach Ablauf einer bestimmten Zeit auflöst. Wenn man dieses Material bis nahe an die Lichtgeschwindigkeit beschleunigt, dann löst es sich viel langsamer auf – in einem neueren Experiment dreißigmal langsamer als normal. Das ist eine Folge der inneren Uhr des Materials, die sich verlangsamt – genau wie Memorys Uhren auf ihrer Reise zum Jupiter.

Ebenso ist bewiesen worden, dass die Lichtgeschwindigkeit tatsächlich eine Schranke ist, die nicht überwunden werden kann. In einem Experiment wurde ein Elektron, das leichteste bekannte Teilchen, so stark angestoßen, dass es den alten Naturgesetzen zufolge bereits nach wenigen Zentimetern mehr als Lichtgeschwindigkeit hätte haben müssen. Im Versuch erreichte es diese Geschwindigkeit aber noch nicht einmal dann, als es über eine Strecke von drei Kilometern angetrieben wurde. Stattdessen wurde es schwerer, genau wie Memorys Raumkapsel, tatsächlich wurde es 40 000mal schwerer!

Was dich sicher interessieren wird: Einsteins Idee, dass alle Materie eine Form von eingeschlossener Energie ist, hatte zur Folge, dass Wissenschaftler sich daranmachten, die Atombombe zu erfinden. Das hat Albert Einstein sehr aufgebracht, weil er selbst ein Mensch war, der den Frieden liebte.

Sämtliche beschriebenen Wirkungen ergeben sich aus einer Regel, die als das Prinzip der Relativität bekannt ist. Dieses Prinzip besagt, dass die Naturgesetze für alle, die sich in gleichmäßiger Bewegung zueinander befinden, gleich sind. Wenn man das erst einmal begriffen hat – in Verbindung mit der Erkenntnis, dass die Lichtgeschwindigkeit immer gleich ist –, dann ergibt sich alles andere daraus.

Das, worüber du in diesem Buch etwas erfahren hast, nennt man »Spezielle Relativitätstheorie«. Sie wurde 1905 von Albert Einstein entwickelt. Das war vor langer Zeit, doch selbst heute gibt es nur wenige Menschen, die sie verstehen. Du bist jetzt einer davon! »Spezielle Theorie« wird sie deshalb genannt, weil sie speziell auf gleichmäßige Bewegung angewandt wird, die gleichförmig ist. Einstein schloss später die Wirkungen der Geschwindigkeitsänderung ein. Das gab den Anstoß für weitere bemerkenswerte Entdeckungen über Raum und Zeit – sie wurden zusammengefasst in seiner »Allgemeinen Relativitätstheorie«.

Es waren keine neuen Versuchsergebnisse, die Einstein auf seine Entdeckungen brachten. Vielmehr benutzte er Ergebnisse, die schon lange bekannt waren. Seine besondere Fähigkeit lag darin, in diesen Ergebnissen eine tiefe Bedeutung zu erkennen, die andere übersehen hatten. Seine Entdeckungen waren von der Art, bei der man sich vor den Kopf schlägt und sagt: »Warum bin ich nicht selbst darauf gekommen!«

Einer der Wege Albert Einsteins, etwas herauszufinden, war der, die Naturgesetze so zu nehmen, wie sie zu jener Zeit verstanden wurden, und sie sich in ungewöhnlichen Situationen vorzustellen, beispielsweise sich vorzustellen, wie es wäre, einen Lichtstrahl einzuholen. Auf diesem Weg kam Einstein zu der Erkenntnis, dass die alten Gesetze solche Situationen nicht erklären konnten. Das wiederum brachte ihn dazu, die Naturgesetze neu zu formulieren. – Unter seinen Wissenschaftskollegen wurde dieser Gebrauch seiner Vorstellungskraft bekannt als »Einsteins Gedankenexperimente«.

Albert Einstein

Albert Einstein wurde am 14. März 1879 als Erstes von zwei Geschwistern in Ulm geboren. Die Familie siedelte nach München um, wo der Vater ein kleines Unternehmen mitbegründete, in dem elektrische Apparate hergestellt wurden.
Schon als Kind interessierte sich Albert Einstein für Mathematik. Auch in der Schule galt seine ganze Leidenschaft diesem Fach. Ansonsten war er ein mittelmäßiger Schüler. Der Unterricht mit seiner strengen Disziplin und dem Zwang zum Lernen war ihm ein Greuel. So »floh« er 1894 nach Mailand, wo seine Familie inzwischen lebte. Nach einem Jahr »Erholung« wechselte er auf eine Schule in der Schweiz über und studierte schließlich in Zürich Mathematik und Physik. Nach dem Examen arbeitete er als technischer Experte am Berner Patentamt. Nebenher veröffentlichte er bedeutende wissenschaftliche Arbeiten. Sie enthielten unter anderem den Nachweis, dass Materie sich in Energie verwandeln lässt, und die bahnbrechende »Spezielle Relativitätstheorie«.
1904 hat Einstein seine Studienfreundin Mileva Marić geheiratet. Gemeinsam mit ihrem ersten

Sohn zogen sie 1909 nach Zürich, wo man dem Wissenschaftler einen Lehrstuhl für Physik angeboten hatte. Es folgten Professuren in Prag und erneut in Zürich. 1914 wurde Einstein Direktor des Kaiser-Wilhelm-Instituts für Physik in Berlin.
Der Erste Weltkrieg brach aus. Zusammen mit anderen Intellektuellen setzte sich Albert Einstein für einen schnellen Friedensschluss ein.
1914 hatten er und seine Frau sich getrennt. Mileva Einstein war mit ihren beiden Söhnen zurück in die Schweiz gegangen. 1919 heiratete er seine Kusine Elsa Einstein.
Nach langer Vorarbeit gelang es Einstein, die »Allgemeine Relativitätstheorie« aufzustellen. Mittlerweile war er weltberühmt geworden. Von überall her bekam er Einladungen, Vorträge zu halten. Er reiste zu Gastvorlesungen in die USA, nach England, Frankreich, Japan, Palästina, Spanien. 1922 wurde der umjubelte Wissenschaftler mit dem Nobelpreis für Physik ausgezeichnet.
Nach der Machtergreifung Hitlers, 1933, entfernten die Nazis die jüdischen Beamten aus dem Staatsdienst – auch Dozenten und Professoren. Das Wohnhaus Einsteins, der Jude war, wurde einer Razzia unterzogen, sein Besitz samt Bankkonten beschlagnahmt. Einstein gab die deutsche Staatsbürgerschaft auf und wanderte mit seiner Frau in die USA aus. Dort wurde für ihn am Institut für Fortgeschrittene Studien in Princeton eine Forschungsstelle geschaffen.
1936 starb Elsa Einstein nach längerer Krankheit.

Von 1943 an arbeitete Albert Einstein für die Marine der USA. Schnell erkannte er, dass seine Relativitätstheorie die Möglichkeit eröffnete, Kernwaffen herzustellen. Nach dem Abwurf der ersten Atombombe über Hiroshima 1945 wandte er sich öffentlich gegen den Einsatz von Kernwaffen.
Die folgenden Jahre verbrachte er einsam und in großer Bescheidenheit. Zunehmend litt er unter gesundheitlichen Beschwerden.
Albert Einstein starb am 19. April 1955.